普通高等教育"十四五"印刷本科规划教材

印刷工程专业
实验指导书

YINSHUA GONGCHENG ZHUANYE

SHIYAN ZHIDAOSHU

刘江浩 ◎ 主编

 文化发展出版社

Cultural Development Press

图书在版编目（CIP）数据

印刷工程专业实验指导书 / 刘江浩主编. — 北京：
文化发展出版社，2022.4

ISBN 978-7-5142-3603-3

Ⅰ．①印… Ⅱ．①刘… Ⅲ．①印刷工业—教材 Ⅳ.
①TS8

中国版本图书馆CIP数据核字（2021）第245065号

印刷工程专业实验指导书

主　　编：刘江浩

责任编辑：魏　欣　朱　言　　　　责任校对：岳智勇
责任印制：邓辉明　　　　　　　　责任设计：侯　铮
出版发行：文化发展出版社（北京市翠微路2号 邮编：100036）
网　　址：www.wenhuafazhan.com
经　　销：各地新华书店
印　　刷：中煤（北京）印务有限公司

开　　本：787mm×1092mm　　1/16
字　　数：192千字
印　　张：9.25
版　　次：2022年4月第1版
印　　次：2022年4月第1次印刷
定　　价：48.00元
ＩＳＢＮ：978-7-5142-3603-3

◆ 如发现任何质量问题请与我社发行部联系。发行部电话：010-88275710

本书编委会

主　编　刘江浩

副主编　顾灵雅　刘　瑜　张　婉　何晓辉

　　　　黄蓓青　金　杨　宋月红

目 录

油墨部分

第五部分　印刷原理及工艺实验

第六部分　印刷品质量标准及测控实验

附　录

第一部分

颜色科学与技术实验

实验一
颜色特性认识实验

1.1 光源光谱分布与光色感觉的对应关系

一、实验目的

了解不同光源的光谱特性，认识不同光谱辐射是产生不同颜色感觉的根源，总结光谱分布与颜色感觉的关系和规律，理解光源所发出的光谱辐射是一切颜色感觉的来源。

二、实验设备与材料

PR-655 或其他型号分光辐射度计、各种类型的光源，如白炽灯、卤素灯、日光灯、节能灯、发光二极管等几种典型光源。

三、实验内容

1. 使用 PR-655 分光辐射度计，在标准灯箱中测量三种不同光源的光谱分布，用表格记录光谱数据，并记录实验过程和操作方法。PR-655 分光辐射度计测量方法请参阅附录 1。

2. 使用不同光源照明白色样品，测量不同光源照明时白色样品呈现的颜色，记录并绘制测量的光谱分布曲线，说明不同光谱分布曲线与光的颜色感觉的对应关系，将主要特点记录在表 1-1 中。

表 1-1 光源光谱分布与颜色感觉

光源名称	光谱分布特点的简单描述	颜色感觉比较

四、注意事项

1. 测量时注意遮挡环境光，排除其他光源的干扰，隔离被测光源与环境光。

2. 记录数据时波长间隔可取 20nm，波长范围 400 ～ 700nm。由于荧光灯光谱具有许多窄波带，波长间隔取 20nm 会丢失重要光谱信息，因此记录类似荧光灯带状光谱数据时要注意记录光谱能量阶跃的峰值、谷值。

五、思考题

1. 分别测量三种不同的光源，注意观察各光源的颜色感觉，以一个具体的颜色为例，讨论同一颜色样品在这三种光源下观察，颜色感觉可能会出现什么情况？颜色感觉变化是否有规律？如何解释这种现象？

2. 如果同一颜色样品在不同光源下观察时只有亮度感觉的差别，没有彩色感觉的不同，能否说明这些光源的相对光谱分布不同？

1.2 物体光谱反射率与颜色感觉的对应关系

一、实验目的

理解物体的颜色感觉来自物体的光谱特性，理解物体本身所固有的光谱特性是物体产生不同颜色感觉的主要原因，体会不同光谱分布与颜色感觉的大致对应关系。

二、实验设备与材料

X-Rite Swatchbook 分光光度计及 Colorshop 软件、Eyeone 分光光度计及 MeasureTool 软件或使用其他型号反射分光光度计、不同材质与类型的颜色测试样品。

三、实验内容

1. 测量给定的一系列颜色样品的光谱反射率，记录并绘制光谱反射率曲线。

2. 测量色调不同、明度和饱和度相同颜色的光谱反射率曲线，比较色调与光谱反射率的关系和规律。

3. 测量明度不同、饱和度和色调相同颜色的光谱反射率曲线，比较不同明度颜色的光谱反射率规律。

4. 测量饱和度不同、明度和色调相同颜色的光谱反射率曲线，比较不同饱和度颜色的光谱反射率规律。

5. 总结各样品颜色外貌（明度、色调、彩度）与光谱反射率之间的关系和规律，对照课程讲解的内容体会颜色样品明度、色调、彩度感觉属性与光谱反射率之间的关系。

四、注意事项

每台仪器当次实验的首位使用者要进行校白板操作（或每次开机后在测量第一个样品之前进行校正）。记录数据波长间隔取 20nm，波长范围 400 ～ 700nm。

五、思考题

1. 照明光源的光谱分布 $S(\lambda)$ 与物体光谱反射率 $\rho(\lambda)$ 的乘积有何意义？

2. 每一个样品的光谱反射率是不是固定的？样品的颜色感觉是否也是固定的？为什么？

3. 根据所测颜色样品的光谱反射率数据，说明在特定白色光源照明下物体颜色外貌（明度、色调、饱和度）与光谱反射率之间的关系，总结光谱反射率曲线与颜色感觉（明度、色调、彩度）之间的基本对应关系，并以实际测量的结果说明。

1.3　色貌观察实验

一、实验目的

理解颜色视觉规律，了解颜色视觉现象，体会观察条件对色貌的影响。

二、实验设备与材料

装有不同类型和色温光源的标准光源观察箱、专门设计的观测样张及教材附页的彩图。

三、实验内容

1. 相同的样张在不同的光源下观察。将两个相同的样张分别放在两个 GretagMacbeth Judge II 标准光源观察箱中，一个灯箱打开"DAY"光源，另一个打开"A"光源，观察红、绿、蓝、黄各样张颜色差异并记录观察到的颜色感觉差异。关闭"A"光源，打开"CWF"光源，重复上述步骤。

2. 记录实验步骤与现象，并对每一个观察到的颜色现象加以说明，用颜色视觉理论逐一分析和解释产生各种现象的原因。

3. 颜色对比。在"DAY"光源下，将相同颜色样品放在红、绿、蓝、黄和灰不同颜色的背景上观察，观察其颜色感觉差异，并说明原因。观察负后像、同色异谱等颜色视觉现象，仔细体会不同观察条件对颜色感觉的影响，记录观察结果并分析产生各种现象的原因。

4. 记录颜色感觉随观察条件变化时要从明度增大减小、色调偏差（偏红、偏绿等）、饱和度增大减小三方面加以分析。

四、注意事项

1. 不同观察条件产生的颜色感觉变化不会特别明显，必须仔细观察颜色视觉现象并用心体会。

2. 对不同颜色视觉现象的观察要使用相应的样张，做好样张编号以便记录。

3. 观察结果必须与对应实验步骤一起进行记录和说明。

五、思考题

1. 实验中所见到的这些现象会对颜色复制与评价工作带来哪些影响？在观察颜色时应该注意哪些问题？具体应该怎样做才能避免这些现象对观察颜色准确性的影响？

2. 实验中观察到的这些现象是否说明用眼睛判断颜色的方法不科学？在实际工作中能

不能凭眼睛判断颜色？请说明理由。

　　3.要保证目视观察颜色的准确性和可靠性，应该采取哪些具体措施？

1.4　颜色匹配实验

一、实验目的

理解加色混色与减色混色原理，体会不同颜色混合方式下所得混合色的呈色规律。

二、实验设备与材料

Color Matching 颜色匹配软件。

三、实验内容

　　利用 Color Matching 颜色匹配软件模拟加色混色（RGB 模式）和印刷油墨（CMY 模式）混色的实验。

　　1.双击电脑桌面上的"Color Matching"图标，进入配色程序界面，如图 1-1 所示。

　　窗口中央是一个圆形视场，左半边是待匹配色，右半边是匹配色，可以随着调节改变颜色。窗口右下角是调节窗口，用鼠标拖动 RGB 或 CMY 滑杆，或直接在右边的数字框中输入数值就可以改变匹配色；右上角是显

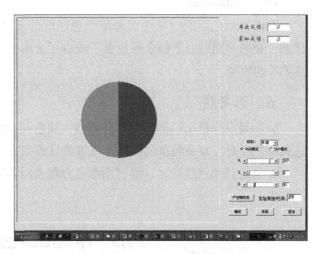

图 1-1　Color Matching 软件的窗口

示窗口，可以显示最终的成绩。要求在最短的时间内以最准确的精度匹配颜色。

　　2.选择混色模式"RGB"模式（加色混色）或"CMY"模式（减色混色），并选择一个难度等级。不同难度等级所限定的调节时间不同，难度等级高，限定的时间短，超出限定时间会自动终止颜色匹配。剩余的实验时间在窗口右下角"实验剩余时间"栏显示。

　　3.点击"产生随机色"按钮，圆视场左半部分出现一随机色，将其作为目标色，拖动 R，G，B 或 C，M，Y 值滑块（或者直接输入数值），右半视场的匹配色色貌将随之改变，耐心调整直至右半视场的颜色逐渐逼近目标色，当感觉左右两边颜色完全一致时，点击"确定"按钮，实验结束，程序会自动给出成绩。

　　分别进行 RGB 模式和 CMY 模式的颜色匹配，注意总结颜色匹配的规律，体会不同三原色比例混合出的颜色感觉，掌握调整颜色进行颜色匹配的规律。最后将实验结果填在表 1-2 中。

表1-2 颜色匹配软件实验结果

	标定值			匹配值			偏差			样品色
	R/C	G/M	B/Y	R/C	G/M	B/Y	R/C	G/M	B/Y	
RGB模式										
RGB模式										
CMY模式										
CMY模式										

加色混色完成实验所用时间：

印刷油墨混色完成实验所用时间：

4.记录通过颜色匹配实验总结出的调整颜色规律（从色调、明度、饱和度三方面描述）。

四、注意事项

在进行颜色匹配时要注意总结颜色匹配的规律，仔细思考构成颜色 RGB 或 CMY 的比例，颜色差别是由于哪个原色多了或少了造成的，需要如何调整才能纠正色偏，最终达到熟练的程度。

五、思考题

1.如果混合色比目标色偏黄且偏暗，加色和减色两类混色实验中分别应当如何调整以达到颜色匹配？如果混合色比目标色偏黄且偏亮，又该如何调整？

2.当达到颜色匹配时，如何用颜色方程表示匹配的颜色？用颜色方程将匹配的颜色表示出来。

1.5 印刷品颜色的观察

一、实验目的

理解加色混色与减色混色原理，学习印刷品颜色的形成及网点混色规律。

二、实验设备与材料

具有单色、双色梯尺和各种色块、图像的印刷样张、放大镜、显微镜。

三、实验内容

1.目视观察各级单色梯尺宏观颜色感觉变化规律，再用放大镜或显微镜观察各级单色梯尺的网点变化规律，注意观察网点的三个要素，即网点排列的规律和形状，网点大小改变与颜色浓度变化的规律，总结单色颜色变化与网点大小之间的对应关系，总结并掌握目视确定不同网点面积率的方法。

2.观察双色梯尺不同阶调级的颜色改变规律，再用放大镜或显微镜观察双色梯尺各阶调级的网点，注意观察色块是由多少种颜色的色点组成的，根据观察结果，总结颜色混合的规律。

3. 观察图像中任意颜色的组成网点，总结图像颜色（包括明度、色调、彩度感觉）变化与油墨颜色和网点面积率大小之间关系的规律。

四、注意事项

注意观察不同颜色感觉变化与印刷颜色种类、数量和油墨网点面积率大小之间的关系，总结规律。

五、思考题

1. 印刷品的颜色混合规律符合色光加色混色规律还是色料减色混色规律？分析颜色混合的规律。

2. 谈谈对印刷品呈色原理的理解。

1.6 对颜色三属性的认知

一、实验目的

认识颜色三属性，练习颜色辨别能力，理解孟塞尔颜色体系和中国颜色体系的表色方法。

二、实验设备与材料

孟塞尔图册练习册和中国颜色体系练习软件等。

三、实验内容

1. 自学孟塞尔图册练习册的使用说明。

2. 将孟塞尔图册练习册中 HVC 页按照要求摆放完成，记录完成时间和错误率，分析错误的原因，记录发生错误的颜色号。

3. 将孟塞尔图册练习册 10 种色调页中至少两种色调（如 5YG）页依照视觉规律摆放完成，记录完成时间和错误率。

4. 用中国颜色体系练习软件重复上述练习，直至熟练。

5. 仔细体会明度、色调、彩度三个感觉属性的视觉特点，三个感觉属性在色立体中排列的规律，能够正确判断颜色的三个视觉属性。

四、注意事项

爱护练习册，小心使用，不要用手接触色块表面，使用后整理恢复原样，将色块装入正确的袋中，不要混淆。

五、思考题

1. 你认为孟塞尔图册能为设计人员带来何种便利？如何使用？

2. 孟塞尔图册的编排特点是什么？这些特点的目视效果是什么？

3. 孟塞尔图册应该在什么光源照明下观察？能否在 A 光源下使用？为什么？

实验二

颜色测量与分析实验

2.1 色度测量

一、实验目的

学习颜色测量仪器的使用方法，掌握测量各种物体颜色的操作步骤，掌握定量描述颜色的方法。

二、实验设备与材料

PR-655 分光辐射度计、X-Rite Swatchbook 分光光度计、X-Rite Eyeone 分光光度计或其他型号分光光度计、各种测试样品、计算机。

三、实验内容

1. 使用 PR-655 分光辐射度计分别测量两种光源的色度，包括 X、Y、Z、x、y 和色温值，将色品坐标标在 xy 色品图中，PR-655 分光辐射度计测试方法请参阅附录 1。

2. 使用 X-Rite Swatchbook 或者 X-Rite Eyeone 分光光度计测量至少三种样品的光谱反射率，并分别测量记录在 D_{65} 光源下和 A 光源下的色度值，包括 X、Y、Z、x、y、L^*、a^*、b^*；将色品坐标标在 xy 色品图及 a^*b^* 坐标平面中，仔细体会光谱反射率曲线、颜色感觉、颜色值和色品坐标位置之间的关系。X-Rite Swatchbook 分光光度计测量方法请参阅附录 2。

3. 使用 X-Rite Eyeone 分光光度计测量显示器上三个不同 RGB 组合色块的色度值，包括 X、Y、Z、x、y、L^*、a^*、b^*；将色品坐标标在 xy 及 ab 色品图中，仔细体会颜色感觉与颜色值和色品坐标位置的关系，X-Rite Eyeone 分光光度计测量方法请参阅附录 3。

4. 在显示器上测量 $(R, G, B) = (255, 0, 0)$ $(128, 0, 0)$ $(64, 0, 0)$ 的颜色，并对比三刺激值、色品坐标和 L^*、a^*、b^* 值随 RGB 值变化的规律。

5. 记录其中三个（不限于三个）反射样品色度测量值于表 1-3 中。

6. 记录显示器上色块的色度测量值（不限于三个）于表 1-4 中。

表1-3 反射样品色度测量值

样品	光源	色度值			绝对密度	网点面积率
		X, Y, Z	x, y	L^*, a^*, b^*		
一	D_{65}					
	A					
二	D_{65}					
	A					
三	D_{65}					
	A					

表1-4 显示器颜色测量值

样品		色度测量值		
		X, Y, Z	x, y	L^*, a^*, b^*
一	R G B			
二	R G B			
三	R G B			

7. 画一张 xy 色品图及一张 ab 色品图，将所测反射样品的色品坐标点标注在色品图相应的位置上，以数字1、2、3标注样品号，以圆点表示 D_{65} 光源下的色品坐标点，以方点表示 A 光源下的色品坐标点，记录所有被测样品的颜色数据，分析并说明颜色的变化规律。xy 色品图中必须画出完整准确的光谱轨迹。

8. 显示器色块测量结果画在一张 xy 色品图及一张 a-b 色品图上，其中色品坐标点以圆点表示，以数字1、2、3标注样品号，记录所有被测样品的颜色数据，分析并说明颜色的变化规律。xy 色品图中必须画出完整准确的光谱轨迹。

9. 根据测量的三刺激值 X、Y、Z 计算一个反射样品的 L^*、a^*、b^* 值并与测量值进行对比。

10. 根据测量的三刺激值 X、Y、Z 计算一个反射样品在 A 光源、D_{65} 光源下的 L^*、a^*、b^* 值并与测量值进行对比。

11. 分析不同比例单色红（或绿、或蓝）显示色的测量值，说明随着颜色数值变化而变化的色品坐标规律。

四、注意事项

1. 测量光源色度时注意排除其他光源的干扰。

2. 使用 X-Rite Eyeone 分光光度计测量显示器上色块时注意仪器既要贴近平面又不能过度挤压平面，防止数据测量出现误差。

五、思考题

1. X-Rite Eyeone 分光光度计能测量光谱数据吗？它的测色原理是什么？与 X-Rite Swatchbook 分光光度计的测色原理是否相同？

2. 物体的颜色感觉和光谱特性哪一个是物体本身固有的特性？哪一个是随观察条件不同而改变的？

2.2　色差测量与分析

一、实验目的

学会利用仪器测量样品的色差，掌握使用数量表示颜色感觉差异的方法。

二、实验设备与材料

X-Rite Swatchbook 分光光度计、三对测试样品。

三、实验内容

1. 分别测量和计算三对测试样品的 L^*、a^*、b^*、$C_{ab}{}^*$、$h_{ab}{}^*$、$\Delta E_{ab}{}^*$ 值，在 ColorShop 中测量三对颜色样品。用鼠标在测量颜色列表面板中将要计算色差的两个颜色分别拖到 "Compare" 面板中上下两个色块中，在面板下面即可显示出两个颜色的色差，如图 1-2 所示，两颜色的色差为 $\Delta E_{ab}{}^*=4.7$。记录测量的 L^*、a^*、b^* 和 $\Delta E_{ab}{}^*$ 值。用 L^*、a^*、b^* 测量值计算彩度 $C_{ab}{}^*$ 和色调角 h_{ab}，计算一对颜色的 ΔL^*、Δa^*、Δb^*，目视颜色感觉的差别，并根据计算结果分析颜色的感觉差别，对计算值与测量结果进行比较。

图 1-2　颜色比较面板

2. 分别将每对样品的 ΔL^*、$\Delta h_{ab}{}^*$、$\Delta C_{ab}{}^*$ 计算出来并画图（L^* 标尺与 ab 色品图）表示，分析两个相近颜色样品颜色感觉（色貌）各方面（明度、色调、饱和度）的差异。

3. 观察三对测试样品，体验色差测量值与色差感觉的对应关系，将色差测量数据与计算结果记录在下面的评价表中。根据计算分析颜色样品的差别，并用目视观察的方法进行比较，体会计算色差与实际色差感觉的对应关系（见表 1-5）。

表 1-5　色差测量结果

组别-样品	色度与色差值											
	L^*	$\Delta L^* = L_2{}^* - L_1{}^*$	a^*	$\Delta a^* = a_2{}^* - a_1{}^*$	b^*	$\Delta b^* = b_2{}^* - b_1{}^*$	$C_{ab}{}^*$	$\Delta C_{ab}{}^* = C_{ab2}{}^* - C_{ab1}{}^*$	h^*	$\Delta h_{ab}{}^* = h_{ab2}{}^* - h_{ab1}{}^*$	$\Delta E_{ab}{}^*$	样品色貌差异描述（样品2相对于样品1）
1-1												
1-2												
2-1												
2-2												
3-1												
3-2												

四、注意事项

1. 测量条件选择 D_{65} 光源、2° 视场。

2. 在测量色差前，可以先估计色差之大小，与实测值对照，练习培养目视评价颜色的能力，体会色差值与色差感觉的对应关系。

五、思考题

根据你的观察，测量和计算的色差（明度差、色调差、彩度差）大小与目视观察的色差感觉是否一致？

2.3　密度测量

一、实验目的

学会利用仪器测量印刷品的密度、网点面积率等，掌握采用密度法表示油墨质量及印刷状态的方法。

二、实验设备与材料

X-Rite Swatchbook 或其他型号分光光度计、测试样张。

三、实验内容

1. 使用 X-Rite Swatchbook 分光光度计测量并绘制青、品红、黄油墨实地色块光谱反射率曲线。使用 X-Rite Swatchbook 分光光度计测量并记录青、品红、黄油墨实地色块在三种滤色片（或三通道）下的密度值。

2. 使用 X-Rite Swatchbook 分光光度计测量青、品红、黄油墨之一单色梯尺中每一色块的网点面积率，对比网点标定值绘制网点增大曲线。

3. 使用 X-Rite Swatchbook 分光光度计测量黑墨实地及灰梯尺中每一色块的 X、Y、Z，x、y，L^*、a^*、b^* 值与密度值。

4. 测试要求如下：

（1）绝对密度测量。在 ColorShop 软件 Control 控制面板的下边 Measurements Mode 选项中选择 Absolute Reflective 选项。用 X-Rite Swatchbook 分别测量白纸、各原色实地、各级单色油墨色块，测量数据记录到表 1-6 中。

（2）相对密度测量。在 ColorShop 软件的 Control 控制面板的下边 Measurements Mode 选项中选择 Reflective (Paper) 选项，软件提示测量纸白，将 X-Rite Swatchbook 放到要测量样品的白纸上，测量后，重复（1）中的测量内容，记录数据于表 1-6 中。

（3）网点面积率测量。仪器设置和测量方法同（2）相对密度测量。在网点测量面板 "Dot Area" 中可以直接得到网点面积率和阶调密度的读数。将测量结果填入表 1-6 的第 4 栏。

表 1-6 密度及网点面积率测量数据

C样品	绝对密度测量值	相对密度测量值	网点面积率测量值	网点面积率计算值
白纸				
实地				
20%				
50%				
80%				
M样品	绝对密度测量值	相对密度测量值	网点面积率测量值	网点面积率计算值
白纸				
实地				
20%				
50%				
80%				
Y样品	绝对密度测量值	相对密度测量值	网点面积率测量值	网点面积率计算值
白纸				
实地				
20%				
50%				
80%				
K样品	绝对密度测量值	相对密度测量值	网点面积率测量值	网点面积率计算值
白纸				
实地				
20%				
50%				
80%				

四、注意事项

1. 测量反射样品密度时设置为 T 状态密度。

2. 测量网点面积率时，首先要将同色原墨实地色块的网点面积率定为 100%，将承印物（白纸）的网点面积率定为 0%。

五、思考题

1. 能否用密度计测量任意颜色的密度值？这样测量的密度值代表什么意义？

2. ColorShop 软件 Control 控制面板 Mode 选项的 Absolute Reflective 和 Reflective (Paper)

选项的含义是什么？二者有什么不同？

3. 详细说明测量密度的方法和技术要求，说明测量网点面积率的步骤。

4. 讨论绝对密度与相对密度的意义和区别，分别用测量的绝对密度和相对密度值计算网点面积率，并与直接测量结果进行对比。

2.4 油墨特性测试

一、实验目的

通过测量印刷梯尺颜色和密度，熟悉印刷品网点呈色特性，了解不同油墨网点面积率印刷颜色的规律。

二、实验设备与材料

X-Rite Swatchbook 分光光度计或其他型号分光光度计、ColorShop 软件、包含单色梯尺和叠印色梯尺的印刷样张。

三、实验内容

1. 测量各原色梯尺的光谱反射率、CIEXYZ、CIELAB 值和密度值，记录数据并用数据画图，将数据标注在 CIExy 和 CIEa*b* 色品坐标图上，从光谱反射率曲线和色品坐标两方面讨论印刷颜色随印刷网点面积率变化的规律。

2. 绘制青、品红、黄油墨实地色块光谱反射率曲线，同时用虚线画出理想油墨的光谱反射率曲线，比较二者的差别。

3. 将青、品红、黄、黑油墨实地色块的密度值记录在表 1-7 中，计算三原色油墨的色纯度、色强度、色偏、色灰、色效率，结合其光谱反射率曲线分析油墨颜色质量。

4. 测量任意两个双色叠印色块的 CIEXYZ 三刺激值，并根据该色块的原色网点面积率用纽介堡方程计算 CIEXYZ 三刺激值，比较测量值与计算值并对计算结果进行讨论。

表 1-7　各原色实地油墨色块的密度测量值

墨色 ＼ 滤色片（通道）	R（C通道）	G（M通道）	B（Y通道）	V（V通道）
青				
品红				
黄				

5. 测量黑墨实地及灰梯尺中每一色块的 X、Y、Z，x、y、L^*、a^*、b^* 值与密度值，记录在表 1-8 中，讨论各梯级测量值的规律并讨论原因。

6. 分别将三原色单色梯尺各级网点面积率测量值记录在表 1-9 中。以横坐标为三原色单色梯尺的理论网点面积率（梯尺标注的网点面积率），纵坐标为实测各梯级的网点面积率画图，由此得到网点增大曲线。对比分析并总结各色油墨的网点增大曲线规律。

表 1-8 黑墨实地及灰梯尺的 X、Y、Z, x、y, L^*、a^*、b^* 值与密度值

网点面积/%		100	90	80	70	60	50	40	30	25	20	15	10	7	3
三刺激值	X														
	Y														
	Z														
色品坐标	x														
	y														
$L^* a^* b^*$	L^*														
	a^*														
	b^*														
密度值	C														
	M														
	Y														

表 1-9 网点面积率及增大值的测量值

标注网点面积率/%	90	80	70	60	50	40	30	25	20	15	10	7	3
实测网点面积率/%													
网点增大值/%													

四、注意事项

注意测量反射样品密度时设置为 T 状态密度。注意测量网点面积率的正确方法。

五、思考题

1. 用测量数据说明，不同网点面积率的黑色梯尺色块的三刺激值和色品坐标有什么特点？这些特点说明了什么问题？如何分析这些特点？

2. 通过各梯级色块的光谱分布和色品坐标值两方面来分析各原色油墨的色度值与密度值的特点。

3. 能否直接测量出叠印色块中各原色油墨的网点面积率？

2.5 印刷网点观察与测量

一、实验目的

熟悉印刷品网点呈色特性，学习用放大镜观察印刷网点微观结构的方法。

二、实验设备与材料

放大镜、网点显微镜、网线尺、调幅和调频印刷样张。

三、实验内容

1. 观察样张不同网点形状梯尺中的各色块随着网点面积率的变化而发生的宏观颜色感觉的变化，用放大镜观察单色印刷、双色印刷和三色印刷梯尺或色块中混合颜色的纽介堡基色数量，观察网点面积率不同时各网点之间并列和叠合的情况，注意观察随着网点面积率的变化网点形态的改变情况。观察不同印刷品加网角度、线数、网点叠合与并列的关系，写出观察不同网点比例时的观察结果。

2. 观察单色梯尺网点尺寸的变化情况，记录两个以上网点比例时的观察结果，即每两个相邻网点间可容纳的网点数量，从而判断网点面积率，将观察结果记录于表 1-10 中。

表 1-10 网点面积率目测结果

梯尺1	加网线数		加网角度		网点形状	
梯尺2	加网线数		加网角度		网点形状	
标注网点面积率/%						
目测网点面积率/%						
实测网点面积率/%						

3. 用网线尺测量印刷品的加网线数，如图 1-3 所示，通过网线尺与印刷品上网点叠合产生的干扰条纹可以判断出加网线数。干扰条纹向两个方向弯曲的分界线所对应的数字就是加网线数，如图 1-3 显示的加网线数是 120lpi 左右。然后再用刻度显微镜进行测量，对比两种方法的测量结果并进行讨论。

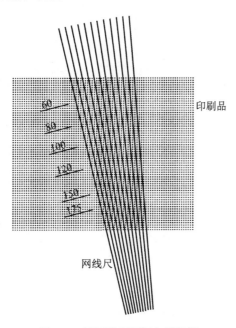

图 1-3 用网线尺测量加网线数

4. 用放大镜或显微镜目测网点面积率，用仪器测量实际网点面积率，与样张标注网点面积率对比，逐步掌握目视判断网点面积率的方法。

四、思考题

1. 用显微镜（放大镜）观察彩色印刷样张时看到的是什么颜色？不用放大镜看到的又是什么颜色？为何说印刷品最终的颜色是色光相加的结果？

2. 结合用"ColorMatching"软件匹配印刷颜色（CMY）的效果，体会不同网点面积率混合出的颜色感觉规律，讨论颜色明度、色调和彩度三属性与网点面积率之间的对应关系。

3. 详细说明实验的方法和步骤，讨论观察的结果。

实验三

设备可实现颜色范围（色域）的确定（综合性实验）

一、实验目的

运用色度学原理测量设备的颜色，根据颜色混合规律对测量结果进行综合分析，用 CIExy 色品图表现不同设备可实现颜色范围（色域）的确定方法，进一步理解 CIE 色度系统的特性。

二、实验设备与材料

PR-650 分光辐射度计、Monaco Optix 或 X-Rite Monitor Optimizer 色度计、X-Rite Swatchbook 分光光度计、LCD 显示器、CRT 显示器，各种条件下制作的彩喷及印刷样张。

三、实验原理

1. 显示设备可实现颜色范围（色域）的确定

显示器显示的颜色是由红、绿、蓝三色小光点混合得到的，其原理是红、绿、蓝色光三原色的加色混合系统（注意色光加色系统的特性），而 CIExy 色品图对于加色混色是线性的。因此，要确定显示器的色域，首先要得到显示器三原色的颜色值。有了三原色颜色值后，所有显示颜色都可以由三原色混合得到。因此，本实验的第一步就是要设计实验方案，选择测量仪器，通过测量显示颜色确定三原色的颜色值。

然后，根据 CIExy 色品图的线性性质和色光加色的规律，通过红、绿、蓝三基色色品坐标点确定所有可显示颜色的坐标，得到显示器可显示颜色的色域范围，得到可实现颜色范围的边界，并表示在 CIExy 色品图上，用色品图三原色所围的区域表示显示设备可表现颜色范围（色域）的平面投影。

需要说明的是：显示器色域是一个三维空间，CIExy 色品图上的显示器色域仅仅是三维空间在 xy 平面上的投影；不同类型的显示器所用的红、绿、蓝发光材料或发光方式不同，如 CRT 显示器用红、绿、蓝荧光粉，而 LCD 显示器则用红、绿、蓝滤色片，其对应光谱成分不同，色坐标也会不同，所以确定不同显示器的色域对显示器的色彩管理非常有用；显示器亮度、对比度以及色温（白场颜色）的调节和设置都会影响三原色的色度特性。上述因素决定不同类型的显示器，以及同一类型调整到不同状态下的显示器，可实现的颜色范围（色域）均会有所不同。因此，必须说明实验条件和测量条件。

2. 硬拷贝输出设备系统可实现颜色范围（色域）的确定

常用的硬拷贝输出设备使用青、品红、黄、黑四色色料呈现颜色。由色彩学中有关印刷品呈色原理可知，在这种彩色复制系统中，颜色的形成包含了减色和加色两个混色过程（注意两种混色过程的区别和不同的颜色计算方法）。以青、品红、黄三色系统为例，青、品红、黄色料原色，以及两两叠合形成的红、绿、蓝二次色和三个色料叠合在一起形成的三次色黑色，颜色的表现均为吸收掉照明白光中的一部分、反射剩余部分形成的，这是颜色形成的减色过程，连同纸色本身，减色过程共形成 8 种颜色。其中，青、品红、黄、红、绿、蓝 6 种颜色为可在印刷品上得到的最饱和色。由于单个色料及二次、三次色料点都很小，空间距离又很近，眼睛无法分辨，只能感受到一定区域内所有色点的综合效果，因此眼睛感觉到的颜色由一定区域内不同比例的上述 7 种颜色，以及承印材质本身颜色（如纸白）共 8 种色光在眼睛内混合而成，这一过程为颜色形成的加色过程。因此，硬拷贝材质上颜色的形成为一混合呈色过程。因为减色过程的计算比较复杂，因此计算印刷品颜色时只利用减色过程形成的纽介堡基作为加色原色来计算最终加色过程形成的颜色，只有这个加色混合过程在 CIExy 色品图上才是线性的关系。

因此，确定硬拷贝输出设备色域的关键在于确定纽介堡基色，在不考虑明度变化的情况下，硬拷贝设备色域可以用在 CIExy 色品图上的投影来表示。由 CIExy 色品图的性质和加色混色的性质可知，用 CIExy 色品坐标可以确定输出设备色域的边界投影。其他所有可输出颜色，包括 8 个加色原色中的黑、白色及其他可印刷颜色的颜色值均可投影在青、品红、黄、红、绿、蓝色品坐标点决定的色域内。

为此，首先要设计实验得到上述各加色原色的颜色值，设计制作颜色样品，选择测量仪器，由设备输出原色色样并进行测量。然后将测量值绘制在 CIExy 色品图上。

对于加入黑色的四色输出系统，虽然黑色的加入使颜色形成的加色原色增加到 16 个，但黑油墨不会增大彩色的服务，只能增加密度范围，同样可以用青、品红、黄、红、绿、蓝 6 个最饱和色来表示色域边界，与黑油墨混合得到的颜色也都落在这个色域范围内。

需要指出的是，硬拷贝形成的颜色是由设备性能、所用色料以及承印材质的特性共同决定的，是包含设备、色料和输出材质的整个系统性能的体现。所以，如果同一设备使用了不同的色料（如更换墨水）或不同的输出材质（不同打印纸）时，输出颜色以及色域都会发生变化。因此，在实际工作中，要确定不同输出条件下的输出色域。实验中可由不同材质输出，并测量参数改变对输出色域的影响。

四、实验内容

1. 设计实验并选择仪器测量 LCD 显示器的原色，确定可显示颜色范围（色域）。选择几个颜色值验证显示颜色符合颜色相加性。

2. 设计实验并选择仪器测量 CRT 显示器的原色，确定可显示颜色范围（色域）。选择几个颜色值验证显示颜色符合颜色相加性。

3. 设计并制作颜色样品，选择仪器测量印刷及打印等硬拷贝输出设备系统的纽介堡基色，确定可实现颜色范围 (色域)。

4. 颜色测量（LCD 显示器和 CRT 显示器可选择其中一种）。

5. 在同一 CIExy 色品图中绘出每种输出方式的色域，并注明各实验条件，进行色域的对比。

五、注意事项

测量 LCD 颜色值时注意显示器的倾斜角度，使测量仪器紧密贴合在屏幕表面，又不致压迫屏幕表面，使显示颜色发生变化。在实验中，室内光线对 LCD 屏幕的照射会影响屏幕本身的颜色，要降低这种影响应该用遮光罩遮挡在 LCD 屏幕周围。

使用 X-Rite Monitor Optimizer 色度计测量 CRT 显示器上色块时要注意仪器在屏幕上吸牢，防止落下摔坏仪器，同时注意环境光的影响。

六、思考题

1. 为什么在 CIExy 色品图上确定显示器的色域只需红、绿、蓝三个最饱和色，而以 CMYK 为色料的硬拷贝输出系统则需青、品红、黄、红、绿、蓝 6 个饱和色？为什么可以直接用直线连接原色确定色域？

2. 硬拷贝输出系统的色域特性与哪些因素有关？

3. 显示设备和输出设备系统的色域差异说明什么？

4. 如何将 CIExy 色品图上的色域描述到 CIELAB 空间的 a^*b^* 平面图上？是否与 CIExy 色品图上的色域确定方法相同？请说明。在 a^*b^* 平面图上的色域形状与 CIExy 色品图是否一样？如果转换到 CIELUV 空间的 u^*v^* 平面图上，形状又是怎样的？请计算并讨论，说明理由。

5. 如果测量青、品红、黄、红、绿、蓝各颜色梯尺，各网点面积率色块的色品坐标变化规律是什么？显示器与硬拷贝设备色域边界上的颜色有何特点和规律？

6. 因为印刷品的颜色是由加色和减色两个混色过程形成的，所以它的色域要由加色三原色和减色三原色共同确定，这种说法是否正确？为什么？

实验四

显示器特性文件的建立

一、实验目的

学习并掌握显示设备特性文件的制作方法；熟悉特性文件的应用。

二、实验设备及条件

LCD 显示器、光电色度计、X-Rite ProfileMaker 软件、显示设备用 RGB 模式色块影像 Mtest_RGB.tif。

三、实验内容

1. 使用 X-Rite ProfileMaker 软件和光电色度计制作 CRT 显示器的特性文件。

2. 掌握 X-Rite ProfileMaker 软件制作显示设备特性文件的方法、步骤。

3. 掌握在 Photoshop 中应用特性文件的方法。

四、实验方法

1. LCD 显示器特性文件的制作

用 X-Rite ProfileMaker 软件按步骤要求完成特性文件的建立，参数选择为 D_{65} 白点，$\gamma = 2.2$，将特性文件存入自己指定的文件夹中。记录实际建立特性文件实现的白点和 Gamma 值，以及建立关系的色差。

2. 特性文件的应用

（1）在 Photoshop 的颜色设置项中选定所建立的特性文件作为 RGB 的工作空间。

（2）在 Photoshop 打开一幅 RGB 影像，观察其颜色；改变 RGB 工作空间为其他特性文件描述的工作空间，观察该影像的颜色变化。

五、思考题

1. 显示器 D_{65} 参数确定的含义是什么？由什么实现？

2. 举例说明何时应用显示器特性文件完成从 RGB 到 $L^*a^*b^*$ 的转换？何时应用显示器特性文件完成从 $L^*a^*b^*$ 到 RGB 的转换？

实验五

扫描仪特性文件的建立及分析

一、实验目的

学习并掌握输入设备特性文件的制作方法；认识特性文件的应用性能。

二、实验设备及条件

扫描仪、分光光度计、扫描仪特征化专用色标 IT8.7/2、X-Rite ProfileMaker 软件。

三、实验内容

1. 使用 X-Rite ProfileMaker 软件制作扫描仪的特性文件。

2. 分析所制作特性文件对彩色影像的颜色转换精度。

3. 掌握该软件制作扫描仪特性文件的方法、步骤。

4. 掌握在 Photoshop 中应用特性文件的方法。

四、实验方法

1. 实验准备

将扫描仪开启并进入扫描状态，清洁扫描面板。准备好扫描仪特性化标准色标 IT8.7/2。

2. 特性文件制作

（1）扫描色标 IT8.7/2 放置在扫描面板中央，在扫描默认参数和改变较大亮度两个参数条件下分别扫描色标，将扫描影像分别以 *.tif 格式存入自己指定文件夹中；在两个条件下同时扫描麦克贝斯色板，形成两个 Stest_01.tif 和 Stest_02.tif 检验影像，存入自己指定文件夹中。

（2）Photoshop 中打开 *.tif 色标影像，进行适当裁剪；在 X-Rite ProfileMaker 软件中按要求步骤，分别完成两个条件下扫描仪特性文件的建立。

五、思考题

1. 制作扫描仪特性文件时应注意什么？

2. 比较分析显示器特性文件和扫描仪特性文件色域的差异。

实验六

输出设备特性文件的建立及色域性能分析

一、实验目的

学习并掌握输入设备特性文件的制作方法；认识特性文件的性能。

二、实验设备及条件

彩色打印机、分光光度计、X-Rite 软件、RGB 和 CMYK 输出色标。

三、实验内容

1. 使用 X-Rite 软件制作 RGB 和 CMYK 输出设备不同条件下的特性文件。

2. 比较不同总墨量限制下 CMYK 输出设备的色域差异。

3. 比较两个不同类型设备色域的差异。

4. 掌握该软件制作输出设备特性文件的方法、步骤。

5. 认识输出设备的色域特性及与参数条件的关系。

四、实验方法和步骤

1. 输出设备特性文件的制作

（1）使用指定的分光光度计，测量两个输出色标的 $CIEL^*a^*b^*$ 色度值；

（2）在软件中按要求步骤，完成 1 个 RGB 类型和至少 3 个不同总墨量限制下的 CMYK 类型特性文件的建立，存入自己指定的文件夹。（注意记录软件给出的特性文件转换色差值）

2. 色域比较

（1）比较不同再现意图下色域的差异；

（2）比较 CMYK 设备不同总墨量限制条件下的色域差异；

（3）比较 CMYK 设备在一个较大总墨量限制下的色域与 RGB 设备色域的差异。

五、思考题

1. 说明实验观察到的不同再现意图下色域的差异及其含义。

2. 描述总墨量不同时，CMYK 设备色域的具体差异。

3. 描述 RGB 设备与 CMYK 设备色域的具体差异。

第二部分

信息记录材料实验

实验一

银盐感光材料成像实验

一、实验目的

1. 了解照相机、放大机的基本结构及使用方法。

2. 掌握黑白负片、黑白正片成像的工艺过程。

3. 了解银盐感光材料的照相性能对成像质量的影响。

4. 了解成像条件对影像质量的影响。

5. 了解冲洗加工条件对成像质量的影响。

二、实验内容

1. 使用单反照相机对实际景物进行拍摄。

2. 对已经曝光成像的黑白负片进行冲洗加工。

3. 将冲洗加工完成的负片影像在放大机上对黑白相纸曝光，进行正片成像。

4. 对已经曝光成像的黑白相纸进行冲洗加工。

三、实验设备及材料

1. 实验设备

单反照相机、放大机、显影罐、上光机、安全灯等。

2. 实验材料

彩色胶卷、黑白胶卷、2#黑白放大相纸、3#黑白放大相纸、D-72显影液、D-76显影液、柯达F-5定影液。

四、实验原理

1. 负片成像

黑白胶片在照相机中曝光后，乳剂层中见光部分的卤化银颗粒发生光分解反应，生成自由电子，自由电子与银离子在感光中心处发生还原反应，生成显影中心，显影中心构成肉眼看不见的、由银微斑组成的潜影。在显影加工过程中，曝光的卤化银以显影中心作为电极，与显影剂发生氧化还原反应，全部还原成金属银原子，形成可见的金属银影像。未曝光部分的卤化银通过定影过程，与定影剂发生反应，从乳剂层中溶解，形成稳定的可见影像。在拍摄实际景物时，胶片曝光量多的部位，形成的金属银多，致黑程度大，影像密度高；曝光量少的部位，形成的金属银少，致黑程度小，影像密度低。最终得到的影像与实际景物的明暗程度相反，即得到负像。

2. 正片成像

在胶片上形成的负像通过放大机在相纸上进行曝光成像，经显影加工后，得到可见并且稳定的影像。其影像密度与负片上的影像密度相反，与被拍摄的实际景物相一致。实验中分别采用不同反差系数的相纸进行成像，对相同的负片影像，采用不同性质的相纸及不同的成像条件，得到不同质量的影像。

五、实验步骤

1. 负片成像

（1）学会使用单反照相机，了解照相机的主要结构及各部件的功能；

（2）将胶卷装入照相机中；

（3）根据拍摄时的光线条件，按照胶卷包装盒上的曝光条件，选择合适的光圈和快门速度；

（4）选取实际要拍摄的景物、调节焦距并进行实际拍摄。

2. 负片的冲洗加工

（1）在暗室全黑的条件下，从暗盒中取出已经拍摄好的胶卷，缠绕在显影罐的片盘上，然后盖上显影罐的盖子；

（2）向显影罐连续注入 D-76 显影液，直到全部注满为止，然后不断摇动显影罐进行搅拌，在规定时间完成显影；

（3）倒出显影液，用清水冲洗 30 秒，然后注入柯达 F-5 酸性定影液，搅拌 10 分钟，完成定影；

（4）倒出定影液，取出冲洗加工好的胶卷，用清水冲洗干净并晾干。

3. 正片成像

（1）了解放大机的基本结构及使用方法；

（2）选择拍摄的底片，将底片放入底片夹内，乳剂面向下；

（3）开启曝光定时器电源开关，按下定时器调焦按钮，在放大机上进行调焦，待影像清晰后，调焦完毕，关闭调焦按钮；

（4）在安全灯的条件下，调好曝光时间，将相纸乳剂面向上，放入放大尺板夹，按下曝光按钮，对相纸进行曝光；

（5）将曝光后的相纸取出，放入 D-72 显影液中进行显影。显影时，不断搅拌，待影像层次全部显出后，显影完毕；

（6）将显影完毕的相纸取出，在停显液中停显 5～10 秒；

（7）将停显完毕的相纸放入柯达 F-5 酸性定影液中定影，除去未曝光部分的卤化银颗粒，时间为 5～10 分钟；

（8）将定影完毕的相纸取出，用清水冲洗，以除去相纸上残余的加工液；

（9）将清洗干净的照片，影像面向下贴在上光机的上光板上，放下帆布盖，用上光辊将相片与上光板贴紧、烘干。

六、注意事项

1. 严格按照要求操作实验中使用的设备，爱护设备；

2. 在实验中如设备出现问题，及时找指导教师帮助解决；

3. 在暗室中注意安全，不得打开照明光源。

七、思考题

1. 曝光条件对负片成像质量的影响。

2. 曝光条件对正片成像质量的影响。

3. 不同反差系数的相纸对影像反差的影响。

4. 冲洗加工条件对质量的影响。

实验二

喷墨打印实验

一、实验目的

1. 学习掌握喷墨打印机原理、使用技术。

2. 学习掌握喷墨打印介质吸收和固定墨水的原理。

3. 验证打印介质对喷墨打印质量的影响。

二、实验内容

1. 在电脑上安装喷墨打印机：联线、安装驱动、调整设置。

2. 选择不同打印介质，打印模块并观察测试模块之间的差异。

三、实验设备及材料

彩色桌面式喷墨打印机，配套墨盒，放大倍率 10 以上的显微镜，分光光度计，多张不同类型的打印纸。

四、实验原理

打印介质除常见的喷墨专用涂层纸、光面纸、光面照片纸、高分辨率纸外，还包括灯箱片、高光胶片、透明胶片、纤维织物、覆膜纸等多种特殊用途的打印介质。

涂层纸是一种加工纸，是由原纸表面涂上一层受墨层制得。受墨层成分主要有多孔填料、黏结剂、固色剂、光亮剂、染料或颜料，另外还有 UV 吸收剂、防氧化剂等添加剂。一般情况下，这层涂层的厚度在 20～60μm。其涂层的细孔径分布如图 2-1 所示。

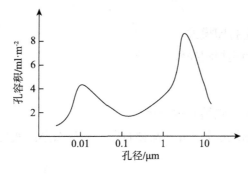

图 2-1 涂层纸涂层的细孔径分布

在上图中，1～10μm 的孔径代表受墨层颜料粒子之间的空隙，决定着第一次吸收的速度和能力；0.1 ～ 0.01μm 的孔径表示颜料本身的微细孔径，决定着第二次吸收的速度和能力。孔径分布不仅与吸墨速度有关，而且与点径、图像的色密度也有关系。换句话说，我们可以通过调整微孔径的大小来控制两次的吸收速度并改善打印质量。当墨滴达到纸张表面后，首先通过受墨层的颜料粒子之间的微孔开始渗透，我们称之为"第一次吸收"，接着进入颜料本身的微孔，我们称之为"第二次吸收"。由于墨滴的扩散和渗透直接影响着墨点的大小，所以为了得到更好的打印效果，就要把染料留在介质的表层。固色剂的作用就是和染料分子生成离子络合物，这样一方面把染料留在了表层，另一方面又增强了印品的耐水性。但染料的吸收光谱会随着固色剂的种类以及固着强度的不同而发生变化，所以同一种墨水在不同品牌的专用纸上打印出的效果是不同的。从以上分析中我们可以看出，打印介质的选择也非常重要。如果打印介质选择不好，墨水喷到介质（比如普通的复印纸）上后就会浸透，从而影响颜色的亮度及清晰度，也就得不到良好的输出效果。实验结果表明，对绝大多数喷墨打印机而言，使用普通复印纸，即使选择 720dpi 模式来打印，也不及专用纸 360dpi 的效果好。原因很简单：以染料墨水为例，我们都知道染料是分子级溶解的，当墨滴喷到普通的复印纸上后，由于普通的复印纸上布满了大量吸水性很强的纤维，而染料墨中又有大量的亲水因子，两者结合，染料分子就和溶剂一块渗透到纸张内部，墨水便会顺着纸纤维晕染开，造成打印质量的下降。而在专用纸张上则是被固色剂留在了表层，所以图像的色密度、亮度以及清晰度肯定会有所提高。

由此我们可以看出，在喷墨打印墨水固定的前提下，打印介质对于提高打印质量起着至关重要的作用。

五、实验步骤

1. 设定打印模式，设计模块，在不同打印介质上面打印。

例如，在 A4 规格的 3 ～ 4 种打印纸上，设定相同打印速度和精度，打印相同的色斑，如 1cm 见方。自然干燥，观察不同打印纸上的画面干燥速度。

2. 用分光光度计测试色斑的光学反射密度。

3. 在显微镜上观测图形边缘锐度，手工绘制图形在显微镜下观察到的边缘状态。

六、注意事项

1. 按照实验要求设定打印模式。

2. 严格按照打印机使用规程操作。

七、思考题

1. 你使用的喷墨打印机喷墨原理是什么？

2. 是否可能实现非涂层纸张 / 介质喷墨打印？用什么办法实现？

第三部分

图文信息处理与复制实验

实验一

图像扫描仪和数字照相机的操作和设置

一、实验目的

在课堂教学的基础上，通过本实验的教学活动，学生应进一步认识扫描仪和数字照相机的基本构成和工作原理，熟悉扫描仪和数字照相机的基本操作技能，掌握扫描软件的设置方法，认识不同的图像设置对所获得图像的作用和影响。

根据教学安排和需要，可以将图像和数字照相机的实验内容分开进行，或有所取舍。

二、实验内容

1. 扫描仪的操作和扫描软件的设置。

2. 数字照相机的操作，照相机的设置。

三、实验设备

1. 桌面型平面扫描仪及扫描软件

Microtek 公司 ScanMaker 6700（图 3-1）、ScanMaker 1700（图 3-2）等；

扫描软件：ScanWizard。

图 3-1　Microtek ScanMaker 6700　　　　图 3-2　ScanMaker I700

2. 专业平面扫描仪

Screen 公司彩仙（Cézanne）及其扫描软件 ColorGenius（图 3-3）。

3. 紧凑型数字照相机

Panasonic 公司的 Lumix FX 8（图 3-4）、Canon 公司的 Ixus 400（图 3-5）等。

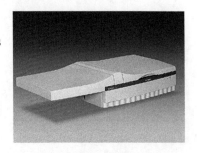

图 3-3　Screen Cézanne

图3-4 Panasonic Lumix FX 8

图3-5 Canon Ixus 400

四、实验原理

1. 扫描仪和数字照相机的工作原理

（1）平面型扫描仪（图3-6）

图像原稿放置在扫描平台上，扫描仪的线状光源逐行照射原稿，扫描仪的光学／电子单元从原稿获取图像信息。从原稿上反射或透射的图像光线经光学系统成像在光电转换器件（CCD）上。由于光电转换器件上具备红／绿／蓝三种滤色片，从原稿来的光线先被分解成红／绿／蓝光，再经光电转换器件转换成红／绿／蓝模拟电信号。随后，模／数转换器将模拟电信号转换成红／绿／蓝模拟电信号。经过扫描软件和相关硬件的图像处理，得到数字图像数据。数字图像数据经接口传送到计算机内，最终存储成数字图像文件。

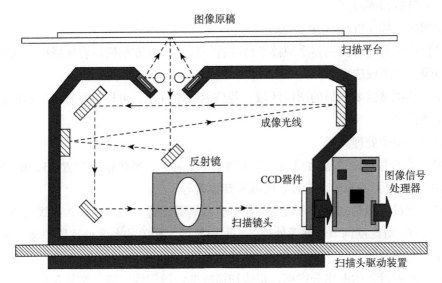

图3-6 平面型扫描仪

（2）数字照相机（图3-7）

被摄景物的光线进入照相机的镜头，成像在附带滤色片的光电转换器件（CCD或CMOS）上。分光的成像光线被转换成模拟电信号，再经模／数转换器，将其分别转换成数字图像信号。数字照相机内置的图像处理芯片对采集到的数字图像信号进行处理、压缩和编码，最终将数字图像数据以文件形式存储到存储器件中。

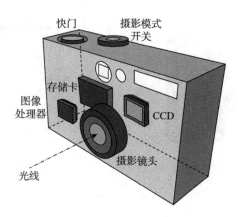

图 3-7　数字照相机

2. 实验相关的技术原理

（1）扫描仪的操作及设置

扫描仪的基本操作分为原稿的整理和放置、图像预扫描、图像扫描区域选择、扫描及图像处理设置、正式精细扫描等步骤。

a. 原稿的整理和放置

清除原稿和扫描平台表面的灰尘、污点等，将原稿以合适的方向放入扫描平台。原稿的成像层（乳剂等）应朝向光源；在可能的情况下，应使图像的短边平行于扫描仪的副扫描方向，以节省扫描时间。

b. 图像预扫描（Preview/Pre-scan）

扫描仪以低分辨率扫描整个原稿平台并进行预示，以方便操作者选择扫描区域。

c. 图像扫描区域选择

用鼠标器框选需要扫描的图像区域。若预示图像过小，可以进行针对选区的扫描（分辨率高于预扫描）。

d. 扫描及图像处理设置

扫描相关的基本设置包括扫描模式（透射 / 反射）、颜色模式设置（RGB/CMYK/ 灰度 / 纯黑白 / 加网）、分辨率设置、图像翻转设置等。

图像处理设置包括高光 / 暗调点设置（动态范围设置）、图像层次曲线调节、色彩校正调节、亮度 / 对比度调节、滤镜处理、去网设置等。相关的图像处理原理参见相关教材。

e. 正式精细扫描

按照操作者设置的图像分辨率，正式扫描所选区域图像，进行文件存储。

（2）数字照相机的操作和设置

数字照相机的基本操作步骤包括基础设置、模式设置、曝光设置、取景、对焦、构图、拍摄。

a. 基础设置

基础设置包括分辨率（像素数）设置、图像存储格式及图像质量设置、感光度设置、闪光方式设置、测光区域设置、白色平衡设置、色彩管理设置、色彩效果设置、防抖动模式设置等。

分辨率设置决定了拍摄所获得图像的像素行列数。常用的图像文件格式有：JPEG、TIFF、RAW 等。其中，JPEG 格式有"精细"和"一般"之分。

感光度设置决定了照相机对较弱光线的敏感程度。一般在 ASA50～400，一些数字照相机的感光度可以达到 ASA3200。设置的感光度越高，对微弱光线的识别能力越强，适宜夜景等弱光拍摄，但会在图像中出现较多颗粒性"噪声"干扰。故在可能的条件下，应尽量采用较低的感光度，使图像细腻精致。

闪光方式设置一般有：强制闪光、不闪光、需要时自动闪光、防红眼闪光等。

测光区域设置一般有"点测光"（中心微小区域测光）和"普通测光"。"点测光"模式保证某个微小区域曝光正确，可以获得特殊的拍摄效果；"普通测光"的面积稍大，甚至可以做到多区域综合分析，可以获得较为正常的整体曝光。

白色平衡设置决定某种光源条件下，图像中性灰色的再现状况。一般有日光、阴天、日光灯、白炽灯、自定义、自动设置等。一般而言，根据拍摄时的外部光源条件，选择对应的白色平衡设置，可以达到较为满意的效果。在较为复杂的光源条件下，可以采用"自定义（评测）白平衡"。若追求特殊拍摄效果，诸如强化夜景天空的暗蓝色，则可以选择"白炽灯"模式，使天空偏向深蓝色而非蓝灰色。

色彩管理设置：一些数字照相机可以进行色彩特性文件设置，如 Adobe RGB、sRGB 等。

色彩效果设置一般有"冷色调""暖色调""鲜艳""黑白"等，其实质是对图像进行处理，使其具有某种风格。

防抖动模式设置：通过防抖动技术，可以在相当程度上减少相机机身不稳定造成的图像模糊。一般有两种模式，即持续补偿和拍摄瞬间补偿。前者具有连续防抖动的作用，但耗电较多；后者仅在按下快门时进行防抖动补偿，耗电较少。

b. 模式设置

按照照相机的预先设定，选择"普通""人像""风景""夜景""近摄"等模式，选择某种模式即对照相机进行了某种成套的参数设置。

c. 曝光设置

选择拍摄模式（光圈优先 / 速度优先 / 程序），或者在"手动"模式下分别设置光圈和快门速度。一些照相机仅有"程序自动设置"而不具备单独控制光圈和快门速度的功能。

d. 取景

确定需要拍摄的景物的大致范围，通过改变镜头焦距和位置移动，将需要拍摄的景物纳入显示器取景框。

e. 对焦

将对焦区域的中心对准主体，轻触快门，使图像清晰成像。

f. 构图

保持半按下快门状态，调整图像的构图，使其符合美学结构。

g. 拍摄

完全按下快门，拍摄景物影像。

五、实验步骤

1. 图像扫描实验步骤

（1）打开扫描仪电源开关，启动扫描软件。

（2）将一张彩色原稿图片进行整理后，正确放入扫描仪的平台。

（3）预扫描。

（4）选择扫描区域。必要时，进行选区扫描。

（5）扫描参数设置如表 3-1 所示。

表 3-1　扫描参数设置

扫描模式	颜色模式	扫描分辨率	翻转设置 （必要时进行）	图像处理设置
反射或透射 反射或透射	RGB	50dpi	保证扫描后图像 方向正确	"无"或"缺省"
		300dpi		

（6）分别按表 3-1 两种分辨率正式扫描，存储 2 个图像文件。

（7）按表 3-2 改变设置，通过预示图像观察图像效果，比较并记录 4 个图像的差异。

表 3-2　扫描参数设置

序号	扫描分辨率	动态范围	曲线调节	色彩校正
1	300dpi	缺省	自定义	缺省
2			缺省	自定义
3			缺省	

（8）采用"灰度"模式，300dpi，全部设置为"缺省"，扫描灰梯尺，存储文件。

（9）保持其他设置，仅改变"曲线"设置（自定义），再次扫描灰梯尺，存储文件。

2. 数字照相机实验步骤

（1）按照表 3-3 参数设置数字照相机，进行基本操作步骤练习。

表 3-3　数字照相机参数设置

项目	设置	项目	设置
像素数	最大值	防抖动	非连续补偿模式
感光度	100	拍摄模式	普通
白色平衡	自动	闪光灯	不闪光
文件格式/质量	JPEG/精细		

（2）白色平衡。

改变数字照相机的白色平衡设置（日光/阴天/荧光灯/白炽灯/自定义），观察取景器内图像颜色的变化，记录颜色状况。

（3）感光度。

将数字照相机的感光度分别设置为 100 和 400，将白色平衡分别设置为自动、拍摄，比较图像差异。

六、注意事项

1. 扫描仪原稿平台应保持清洁，避免坚硬物体划伤和油污沾染；

2. 勿用手指触摸数字照相机镜头，开机状态下不得插拔储卡和电池；

3. 如需移动扫描仪，应先由教师进行光学系统锁定保护；

4. 扫描的图像文件应保存在自己命名的文件夹中，以免混乱；

5. 不得删除计算机中原有的文件、软件等数据；

6. 实验用的原稿图片和其他物品应在使用后归还实验教师。

七、思考题

1. 扫描分辨率 50dpi 与 300dpi 的图片有何差别？

2. 缩小"动态范围"时，扫描得到的图像有何变化？为什么？

3. 如果原稿图像偏蓝，色彩又不够鲜艳，应在扫描仪软件中如何校正？

4. 全部缺省设置、两种"虚光蒙版"设置的三个图像有何差别？

5. 写出数字照相机白色平衡设置改变时，显示的色彩效果有何不同？

6. 观察感光度 100 和 400 的图像，两者有何差别？

7. 在 Photoshop 软件的信息板中，读出扫描仪实验第（8）和第（9）两步得到的灰度梯尺文件上各梯级的灰度值数据，填表。以梯级号码或密度值为横坐标，灰度值为纵坐标（如图 3-8 所示），绘出两条层次曲线，说明两者的差别。

梯级	1	2	3	4	5	6	7	8	9	10
灰度（H）										
灰度（I）										

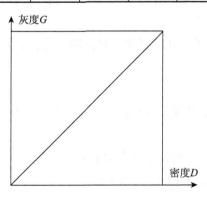

图 3-8　思考题 7 配图

实验二

栅格图像处理和图文记录输出

一、实验目的

在课堂教学的基础上，通过本实验的教学活动，学生应进一步理解页面描述语言及栅格图像处理的原理，认识计算机直接制版机的基本构成和工作原理，掌握栅格图像处理器的基本设置方法。

二、实验内容

1. 图文页面的打印及页面描述语言的生成。

2. 栅格图像处理器的设置。

3. 分色版的激光记录输出。

三、实验设备

1. 计算机系统及图文处理软件。

2. 栅格图像处理系统：Harlequin 公司的 RIP 或类似的 RIP 系统。

3. 记录输出设备：计算机直接制版机。

四、实验原理

1. 图文页面描述的生成

通过图文处理软件的"打印"功能，在选择恰当打印设备的条件下，可以生成图文的页面描述，以页面描述语言的形式存储在文件中，或者直接形成页面描述语言信息流，送往栅格图像处理系统。

为了满足印刷复制的需求，在"打印"时，需要进行必要的设置如下：

（1）输出设备选择；

（2）输出幅面尺寸；

（3）附加标记设置：套准线、裁切线、印刷控制的色标、梯尺等；

（4）分色和加网设置；

（5）页面描述语言设置：级别、符合 DSC；

（6）图像压缩和代换设置（DCS/OPI）；

（7）色彩特性文件设置。

2. 栅格图像处理

页面描述信息生成后，必须经过栅格图像处理器（RIP）解释并栅格化以后，才能形成记录信息。将记录信息发送到输出设备，最终将图文记录到材料上。

RIP 的正常工作依赖于正确的设置。主要的设置项目包括：

（1）记录设备选择：保证 RIP 输出的信息流正确地送到相关输出设备上。

（2）记录分辨率设置：按照加网和图文精细程度的需要，设置适当的记录分辨率，此分辨率应与输出设备的设置值吻合。

（3）加网参数（加网线数、网点形状、网线角度）设置。

（4）分色片阴图／阳图、镜像设置：根据后续制版需要，选择分色片的阴图／阳图属性以及镜像与否。例如，面向阳图 PS 版晒版的阳图分色片必须进行镜像翻转设置；计算机直接制版机输出的胶印版无须镜像；柔性版的分色片则输出非镜像的阴图片。

（5）记录线性化设置：记录线性化是保证准确记录网点面积率的重要手段。在记录网点时，激光在感光材料内会发生少量扩散，造成曝光点面积增大，网点边缘部分的曝光点的增大导致网点面积的增大或缩小。为了弥补这一记录误差，RIP 事先对网点面积率进行反向补偿。在正式记录输出分色版之前，首先应记录未经补偿的网点梯尺，经显影网点面积率测量以后，将带有误差的面积率数据输入 RIP，RIP 以此为依据，进行"反函数"补偿，按补偿后的网点面积率记录，即可在分色版上获得准确的网点面积率。

3. 计算机直接制版机的图文记录输出

计算机直接制版机是一种常用的图文记录输出设备，结构上分为：外滚筒型、内滚筒型、平面型、绞轮型。如图 3-9 所示，外滚筒型记录输出设备的工作原理是，滚筒在电机驱动下高速旋转，记录材料紧贴在滚筒外表面上并随滚筒一起转动。在滚筒的侧面，安装了与滚筒轴向平行的丝杠，由丝杠带动记录头移动。记录头上装备的多束激光对印版曝光，激光束受到 RIP 所生成曝光信息的控制，最终在印版上完成对全部图文信息的记录。

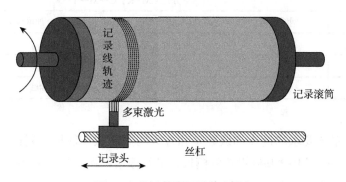

图 3-9 外滚筒型记录输出设备

五、实验步骤

1. 实验流程

本实验流程如图 3-10 所示。

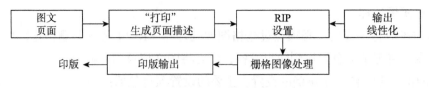

图 3-10　本实验流程

2. 各步骤的实施

（1）图文页面描述的生成：在图文处理软件中，制作一个图文并茂的彩色页面。利用软件的"打印"功能生成页面描述语言 PostScript 或 PDF 文件。

打印的基本设置如表 3-4 所示。

表 3-4　打印的基本设置

项目	参数
页面尺寸	210mm × 297mm（A4）
单色页面记录尺寸	240mm × 330mm
图文颜色模式	分色 CMYK
标记	套准线、裁切线、色标、梯尺
PostScript 语言级别	第 2 级（Level 2）
打印机	软件自带的 PostScript/PDF 生成器

（2）栅格图像处理器的基础设置如表 3-5 所示。

表 3-5　栅格图像处理器的基础设置

项目	参数
记录分辨率	2400dpi
版材幅面	510mm × 400mm
颜色模式、输出顺序	分色 CMYK，C→M→Y→K
加网设置	网线角度：C15° /M75° /K45° /Y0° ，欧几里德形状，加网线数：150 或 175lpi
标记	无（已在打印设置中加入）
阴图/阳图和镜像	阳图，无镜像翻转
输出线性化	无（45° 直线）或设置为已测试的曲线

记录线性化：

a. 按照 RIP 系统要求的网点梯级数量和各级网点面积率数据，制作一条 CMYK 模式的多梯级的梯尺，按照 RIP 基础设置的模板，进行栅格图像处理，并曝光记录该梯尺；

b. 测量印版梯尺各级的网点面积率，将数据记录下来；

c. 打开 RIP 参数模板，在记录线性化界面，输入各个梯级的网点面积率并保存模板。

（3）图文页面的栅格图像处理。

a. 在 RIP 界面，打开第 1 步生成的 PostScript 或 PDF 文件，实施栅格图像处理；

b. 观察预示的分色页面，确认正确无误。

（4）分色版记录输出。

a. 检查计算机直接制版机的状态：确认记录分辨率与 RIP 设置数值吻合，显影及定影温度处于正常值；

b. 在 RIP 界面，向计算机直接制版机发送分色版记录数据；

c. 监控计算机直接制版机的运作状况，直至分色版记录并显影完毕。

六、实验事项

在图文处理软件中进行"打印"设置时，不要进行阴图/阳图和镜像翻转的设置，而应交由 RIP 设置统一实施，否则，重复设置有可能导致错误。

七、思考题

1. "只要将 PostScript 页面描述信息送往记录设备，即可获得分色版面"，这种说法是否正确？为什么？

2. 用一句话简单概括 RIP 的两项主要任务。

3. 如果为计算机直接制胶印版，需要进行镜像翻转吗？为什么？

4. 按下列表格格式，填入梯尺文件设置的网点面积率和印版上测量得到的网点面积率。以梯尺文件设置的网点面积率为横坐标，胶片上测量得到的网点面积率为纵坐标，画出网点传递曲线和 RIP 补偿曲线。

梯级	1	2	3	……	N
文件设置的网点面积率					
印版上的网点面积率					

HQ-510PC 栅格图像处理器软件的界面及基本功能详见附录四。

实验三

基于打印机色彩管理的数字打样

一、实验目的

在课堂教学的基础上，通过本实验的教学活动，学生应进一步认识数字打样的工作原理，熟悉数字打样的基本操作技能，掌握数字打样的各项参数设置方法，认识数字打样的参数设置对图像质量的影响。了解数字打样前需要对喷墨打印机进行色彩管理的原因，掌握喷墨打印机的色彩管理方法。

二、实验内容

数字打样设备的线性化、色彩管理及样张输出。

三、实验设备

1. 硬件

（1）Epson 7908 彩色喷墨打印机，如图 3-11 所示。

（2）X-Rite iSis 分光光度计，如图 3-12 所示。

图 3-11　Epson 7908 彩色喷墨打印机　　　　　图 3-12　X-Rite iSis 分光光度计

2. 软件

（1）数字打样软件。

（2）Windows 操作系统。

3. 材料

（1）EP515 数字打样专用纸。

（2）Epson 墨水。

四、实验原理

数字打样设备的工作原理：

Epson 喷墨打印机采用的是随机式喷墨技术。随机式喷墨技术主要有微压电式和热气泡式两大类。

如图 3-13 所示，微压电技术把喷墨过程中的墨滴控制分为 3 个阶段：在喷墨操作前，压电元件首先在信号的控制下微微收缩；然后，元件产生一次较大的延伸，把墨滴推出喷嘴；在墨滴马上就要飞离喷嘴的瞬间，元件又会收缩，干净利索地把墨水液面从喷嘴收缩。这样，墨滴液面得到了精确控制，每次喷出的墨滴都有完美的形状和正确的飞行方向。

微压电式喷墨系统在装有墨水的喷头上设置换能器，换能器受打印信号的控制，从而控制墨水的喷射。根据工作原理及排列结构，可将微压电式喷墨系统换能器分为压电管型、压电薄膜型、压电薄片型等几种类型。

采用微电压的变化来控制墨点的喷射，而且能够精确控制墨点的喷射方向和形状。压电式喷墨打印头在微型墨水贮存器的后部放置了一块压电晶体。对晶体施加电流，就会使它向内弹压。当电流中断时，晶体反弹回原来的位置，同时将一滴微量的墨水通过喷嘴射出去。当电流恢复时，晶体又向后外延拉，进入喷射下一滴墨水的准备状态。

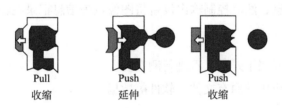

Pull　　　　Push　　　　Push
收缩　　　　延伸　　　　收缩

图 3-13　墨滴控制

五、实验步骤

数字输出的流程是先把打印机调整到最佳状态，然后进行线性化调整，再制作印刷特性文件和打印机特性文件，之后将线性化曲线和特性文件插入数字打样软件中，并打开 PDF 文件经过 RIP 解释生成位图，打印即产生数字样张。

1. 打印机的基础线性化

打印机线性化反映了出墨量的工作状态，而该状态会影响打印机色彩的最高密度和层次的表现。打印机的基础线性化，其原理是通过检查和调整打印机的各级密度来校正打印色彩偏差。

首先把打印机调整到最佳状态，并通过软件自带的校正程序校正打印头和基本的色彩。然后进行线性化调整，使打印机的密度范围和出墨量实现线性匹配，纠正打印色偏，使其达到一个比较理想的色域。

2. 数字打样的色彩管理

数字打样的色彩管理的实质就是图像输出过程中的颜色控制，实现数字打样与输出一致的目的，主要包括建立反映印刷特性的 ICC Profile 文件和建立反映打印特性的 ICC

Profile 文件。

（1）反映传统打样或印刷特性的 ICC 特性文件

印刷标准的 ISO IT 8.7/3 色块图，用色彩管理软件，配合分光光度计，生成反映打样或印刷特性的 ICC 特性文件 Profile。

（2）反映彩色打印机特性和所使用打印机纸张的 ICC 特性文件

对彩色打印机在未用彩色管理情况下打印 ISO IT 8.7/3 色块图，用色彩管理软件，配合分光光度计，生成反映彩色打印机特性和所使用打印机纸张的 ICC Profile。

（3）数字打样的色彩管理数据模块 CMM

印刷适性的 ICC Profile 和打印机的 ICC Profile 在数字打样软件中，采用色彩管理模块 CMM 进行颜色空间的数据转换，使打印机打印出来的图像和图形与对应的印刷适性印刷出来的标准样张的颜色一致。

3. 光栅图像处理器（RIP）

光栅图像处理器在数字输出系统中的作用是十分重要的，它关系到输出的质量和速度，甚至整个系统的运行环境，是整个系统的核心。

RIP 的主要作用是将计算机制作版面中的各种图像、图形和文字解释成打印机或照排机能够记录的点阵信息，然后控制输出设备将图像点阵信息记录在输出介质上。

六、注意事项

1. 注意打印测试样张干燥后，再进行测量。

2. 不得删除计算机中的原有文件、软件等数据。

七、思考题

1. 数字打样的关键是什么？

2. 从颜色、阶调和清晰度三个方面分析样张打印效果。

实验四

基于数字相机色彩管理的图像采集

一、实验目的和要求

在课堂教学的基础上，通过本实验的教学活动，学生应进一步认识数字相机的基本构成和工作原理，熟悉数字相机的基本操作技能，掌握数字照相机的设置方法和色彩管理方法，认识不同的参数设置对所获得图像的作用和影响。

二、实验内容

数字相机的色彩管理，数字相机的操作和参数设置对图像影响测试分析。

三、实验设备

Sony 公司的 α900（图 3-14）、Canon 公司的 7D（图 3-15）数字相机等。

图 3-14　Sony α900

图 3-15　Canon 7D

四、实验原理

1. 数字照相机的工作原理

被摄景物的光线进入照相机的镜头，成像在附带滤色片的光电转换器件（CCD 或 CMOS）上。分光的成像光线被转换成模拟电信号，再经模 / 数转换器，将其分别转换成数字图像信号。数字照相机内置的图像处理芯片对采集到的数字图像信号进行处理、压缩和编码，最终将数字图像数据以文件形式存储到存储器件中（如图 3-14 所示）。

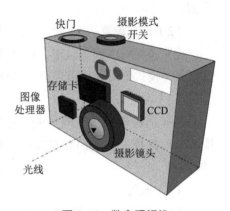

图 3-16　数字照相机

43

2. 实验相关的技术原理

3. 数字照相机的操作和设置

数字照相机的基本操作步骤为：基础设置、模式设置、曝光设置、取景、对焦、构图、拍摄。

（1）基础设置

包括分辨率（像素数）设置、图像存储格式及图像质量设置、感光度设置、闪光方式设置、测光区域设置、白色平衡设置、色彩管理设置、色彩效果设置、防抖动模式设置等。

像素数设置决定了拍摄所获得图像的像素行列数。常用的图像文件格式有 JPEG、TIFF、RAW 等。其中，JPEG 格式有"精细"和"一般"之分。

感光度设置决定了照相机对较弱光线的敏感程度。感光度一般设置在 ISO100～3200，一些数字照相机的感光度可以达到 ISO25600。设置的感光度越高，对微弱光线的识别能力越强，适宜夜景等弱光拍摄，但会在图像中出现较多颗粒性"噪声"干扰。故在可能的条件下，应尽量采用较低的感光度，使图像细腻精致。

闪光方式一般有强制闪光、不闪光、需要时自动闪光、防红眼闪光等。

测光区域设置一般有"点测光"（中心微小区域测光）和"普通测光"。"点测光"模式保证某个微小区域曝光正确，可以获得特殊的拍摄效果；"普通测光"的面积稍大，甚至可以做到多区域综合分析，可以获得较为正常的整体曝光。

白色平衡设置可以决定某种光源条件下图像中性灰色的再现状况。一般有日光、阴天、日光灯、白炽灯、自定义、自动设置等。一般而言，根据拍摄时的外部光源条件，选择对应的白色平衡设置，可以达到较为满意的效果。在较为复杂的光源条件下，可以采用"自定义（评测）白平衡"。若追求特殊拍摄效果，如强化夜景天空的暗蓝色，则可以选择"白炽灯"模式，使天空偏向深蓝色而非蓝灰色。

色彩空间设置：一些数字照相机可以进行色彩空间设置，如 Adobe RGB、sRGB 等。

色彩效果设置一般有"冷色调""暖色调""鲜艳""黑白"等，其实质是对图像进行处理，使其具有某种风格。

防抖动设置是通过防抖动技术，可以在相当程度上减小相机机身不稳定造成的图像模糊。

（2）模式设置

按照照相机的预先设定，选择"普通""人像""风景""夜景""近摄"等模式，选择某种模式即对照相机进行了某种成套的参数设置。

（3）曝光设置

选择拍摄模式（光圈优先 / 速度优先 / 程序），或者在"手动"模式下分别设置光圈和快门速度。一些照相机仅有"程序自动设置"而不具备单独控制光圈和快门速度的功能。

（4）取景

确定需要拍摄的景物的大致范围，通过改变镜头焦距和位置移动，将需要拍摄的景物纳入显示器取景框。

（5）对焦

将对焦区域的中心对准主体，半按下快门，使图像清晰成像。

（6）构图

保持半按下快门状态，调整图像的构图，使其符合美学结构。

（7）拍摄

完全按下快门，拍摄景物影像。

五、实验步骤

1. 数字相机色彩管理实验步骤

（1）设置 RAW+jpg 格式，颜色空间为 AdobeRGB，拍摄实验色卡。

（2）转换为通用格式 dng。

（3）生成数字相机色彩管理文件，设置在图像处理软件中。

（4）对设置色彩管理文件前后的图像质量进行分析。

2. 数字相机参数设置实验步骤

（1）基本操作练习

按照表 3-6 所示参数设置数字照相机，进行基本操作步骤练习，拍摄照片一张。

表 3-6　数字照相机参数设置

项目	设置	项目	设置
像素数	最大值	拍摄模式	P
感光度	200	闪光灯	不闪光
白色平衡	日光或阴天	颜色空间	Adobe RGB
文件格式/质量	RAW+JPEG	拍摄环境	室外生活照

（2）白色平衡

如表 3-7 所示，改变数字照相机的设置（日光 / 阴天 / 荧光灯 / 白炽灯 / 自定义），对准在标准光源观察箱内的彩色图片，观察颜色的变化，记录颜色状况。

表 3-7　白色平衡设置

项目	设置	项目	设置
像素数	最小值	拍摄模式	P
感光度	800	闪光灯	不闪光
白色平衡	日光/阴天/荧光灯/白炽灯/自定义（手动对焦）	颜色空间	Adobe RGB
文件格式/质量	JPEG	拍摄环境	D65

（3）感光度

如表 3-8 所示，将数字照相机的感光度分别设置成最小值和最大值，拍摄标准光源观察箱内的彩色图片。

表 3-8　感光度设置

项目	设置	项目	设置
像素数	最小值	拍摄模式	P
感光度	最大和最小	闪光灯	不闪光
白色平衡	自动	颜色空间	Adobe RGB
文件格式/质量	JPEG	拍摄环境	D65

（4）曝光量

如表 3-9 所示，将数字照相机的拍摄模式设置成 P，分别拍摄一张正常曝光、一张曝光过度、一张曝光不足的照片。

表 3-9　拍摄模式设置

项目	设置	项目	设置
像素数	最小值	拍摄模式	P
感光度	800	闪光灯	不闪光
白色平衡	自动	颜色空间	Adobe RGB
文件格式/质量	JPEG	拍摄环境	室内

六、注意事项

1. 勿用手指触摸数字照相机镜头，开机状态下不得插拔存储卡和电池；

2. 不得删除计算机中原有的文件、软件等数据；

3. 实验用的原稿图片和其他物品应在使用后归还实验教师。

七、思考题

1. 分析数字照相机白色平衡设置改变时，显示的色彩效果有何不同。

2. 在 Photoshop 软件中，观察感光度 100 和 3200 的图像有何差别。

实验五

文字排版和印前检查综合性实验

一、实验目的和要求

在课堂教学的基础上，通过本实验的教学活动，学生应进一步认识文字排版的规范，掌握文字排版、印前检查、色彩管理、拼大版等方法，理解数字化流程。

二、实验内容

期刊内页文字排版、印前检查、拼大版。

三、实验设备

1. 计算机；

2. 文字排版软件 Indesign；

3. 印前检查软件 Acrobat。

四、实验原理

1. 印刷字体

（1）汉字字体

汉字是世界上较为古老、优美的文字之一。在长期发展和演变过程中，出现了多种便于阅读、结构严谨的印刷字体。常用的字体有宋体、黑体、楷体、仿宋体，除此之外，还有美术体、标准体、书写体等特种字体。

（2）外文字体

外文字体的种类较多，常用的有白正体、黑正体、白斜体、黑斜体、花体等。白体一般用于书刊的正文，黑体用于标题。

2. 文字大小

（1）点数制

点数制是欧美各国用来计算拉丁字母（西文字母）活字大小的标准的制度。因各字母的字身宽度不等，其点数只能按长度来计算。1 点为 0.35 毫米，72 点为 1 英寸。

（2）号数制

中国传统计算汉字活字大小的标准的规定：号数有一号、二号、三号、四号、老五号、新五号等。号数越大，字号越小。

3. 排版的主要功能

（1）页面设置及处理功能：能实现有关页面的轮廓、尺寸、辅助线设置的功能。

（2）页面轮廓分布设置：能实现页面的分栏设置，便于对页面进行分割，让相同内容有一个相对独立的空间。

（3）文字编辑排版功能：文字的基本属性设置功能，包括文字的大小、颜色、字形、粗细、宽窄、正斜、字距、行距等。

（4）段落处理功能：能实现段落的基本格式的设置，包括左齐、右齐、居中、齐行、缩排、段间距等。

（5）图形绘制功能：能绘制一些简单的图形，以及进行一些简单的图形变换。

（6）图像功能：能够导入图像，并与之建立链接关系。导入的图像以低分辨率显示，起到定位的作用。

（7）图文框功能：与一般图形对象性质相似（线性、填充），但又因为可以容纳图像文本、与其他文本框相连，因此可以同其他对象区分开来。

（8）页面对象处理功能：组成对象群组和解散群组、锁定对象、对齐和分散对象、对象的前后排列关系。

（9）文本绕图：在图文混排时，图和文字有时需要相互穿插，其操作一般是通过文本绕图来实现的。

4. 印前检查

印前检查是对一个已设计完成的数字印活进行完整分析的过程，是一个在印活输出前就能发现电子文件和字符有任何不完整或丢失、套色不合适或被忽略、有出血不足、页码错误、分色不当以及潜在的装订问题或图像不一致等问题的必要步骤。

5. 拼大版

拼大版是将拼好版的页面拼组成印刷机能够使用的印版版式。传统的拼大版方式有两种：一种是手工拼大版，另一种是利用组版软件进行折手。现在常见的拼大版工具是拼大版功能 RIP 与折手软件。

五、实验步骤

首先，在排版软件中设置色彩管理选项。

其次，进行文字排版，一般分为图像排版、图形排版、文字标题排版、文字正文排版。

再次，进行印前检查，一般分为页面检查（检查页面文件的整体尺寸、检查成品尺寸、检查图像质量、检查出血位、检查版式、检查印刷标记）；图片内容检查（检查链接文件、检查图片的颜色、检查专色、检查图片精度、检查图片格式）；文字内容检查（检查字体、检查空格定位、检查字体效果）；陷印检查（检查叠印、检查四色文字、检查透底的灰度图）；检查渐变色。

最后，进行拼大版，分为建立折手和拼版两步。

六、思考题

1. 在 InDesign 中如何检查图像的链接？

2. 如何正确地将图像的分辨率修改为 300ppi ？

3. 在 InDesign 中如何将文字的颜色从 RGB 模式改为 CMYK 模式？

实验六

基于显示器色彩管理的图像处理

一、实验目的

在课堂教学的基础上，通过本实验的教学活动，学生应进一步认识图像复制中需要进行图像处理的原因，掌握图像处理的原理和方法，认识各种图像处理方法对图像质量的影响。了解图像处理前需要对显示器进行色彩管理的原因，掌握显示器色彩管理的原理和方法。

二、实验内容

显示器的色彩管理、图像的颜色处理、阶调层次处理、清晰度增强处理，以及图像分色处理。

三、实验设备

1. 显示器设备：苹果显示器（图 3-17）。

图 3-17 苹果显示器

2. 图像处理软件：Photoshop。

3. 摄影后期处理插件：Camera RAW。

4. 数字图像处理软件：Matlab。

四、实验原理（LED 显示器的结构和工作原理）

如图 3-18 所示，LED 背光采用发光二极管作为背光光源。发光二极管由数层很薄的掺杂半导体材料制成，一层带有过量的电子，另一层则因缺乏电子而形成带正电的空穴，工作时电流通过，电子和空穴相互结合，多余的能量则以光辐射的形式释放出来。通过使用不同的半导体材料可以获得不同发光特性的发光二极管。

LED 发光技术的色彩优势显著，采用 LED 作为背光源，因为 LED（发光二极管）的光线覆盖的色谱范围广，发光面积均匀，正常色域范围可以轻易达到 100% ~ 130%。所以 LED 背光显示器的色彩更为饱满，画面的细节更清晰，色彩过渡更自然。

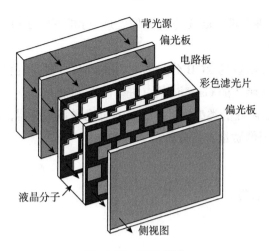

背光源
偏光板
电路板
彩色滤光片
偏光板
液晶分子
侧视图

图 3-18　LED 背光

除了发光优势，LED 背光显示的最大好处是确保屏幕每个点的亮度差异能得到很好的控制，而且并不需要太大的能耗。更好的亮度均匀性让 LED 屏幕上的图像有更丰富的层次，而不是单纯的黑色块。LED 显示设备的亮度轻易能够达到数千流明，加之 LED 能耗优势明显，可以满足各种行业应用的需求。

五、实验步骤

1. 校准显示器，生成显示器色彩管理文件，配置在显示器的色彩管理设置中。

2. 使用图像处理软件 Photoshop 进行图像处理，分析图像处理方法对图像质量的影响。具体操作如下：

（1）在图像处理软件 Photoshop 中，进行色彩管理的颜色设置。

（2）检查图像质量。

（3）调整阶调范围。

（4）调整色彩平衡。

（5）锐化图像边缘。

（6）转换颜色模式，RGB 转成 CMYK。

（7）对处理后的图像质量进行分析。

3. 使用摄影后期插件 CameraRAW 进行图像处理，分析图像处理方法对图像质量的影响。

（1）在 CameraRAW 插件中，进行数字相机的色彩管理设置。

（2）检查图像质量。

（3）调整白平衡。

（4）调整曝光量。

（5）锐化图像边缘。

（6）转换颜色模式，RGB 转成 CMYK。

（7）对处理后的图像质量进行分析。

4.使用数字图像处理软件 Matlab 进行图像处理,分析图像处理方法对图像质量的影响。

(1) 检查图像质量。

(2) 使用 Imadjust 函数的 RGB 分量的 Gamma 值,进行颜色调整。

(3) 使用 Imadjust 函数的 Gamma 值,进行阶调调整。

(4) 使用 Fspecial 函数的类型为 Unsharp 的对比增强滤波器,进行清晰度调整。

(5) 对处理后的图像质量进行分析。

六、注意事项

使用前后应清洁显示器。

第四部分

印刷材料及适性实验

纸张部分

实验一

纸张定量测定

一、实验目的

了解纸张定量的含义、测试原理、表示方法等。

掌握使用天平和象限秤测试纸张定量的方法。

二、实验原理

定量是纸张每平方米的重量，用 g/m^2 表示。

象限秤由象限杆、载物盘、度盘支架、底座、支柱等组成，是一个简单的字盘秤；它采用了杠杆系比率不变的第一杠杆系统。在这稳定的平衡系统杠杆的一个臂上，加上一些负荷，杠杆系必然倾斜某一角度，根据此角度的大小，就可以从事先根据杠杆原理计算好的刻度盘上读出数值。

由于此杠杆系统的旋转角只用在一个象限内（90°），故称为象限秤。

三、实验仪器及材料

1. 仪器：象限秤（YQ-Z-12 型纸张象限秤），结构示意图如图 4-1 所示。

2. 仪器：灵敏度为 1/10000g 的电子分析天平。

3. 裁刀。

4. 各种纸样。

四、实验步骤

1. 象限秤测试法

（1）调整仪器零点：用调整螺丝 10，调整好支脚，使指针 9 对准零点。

（2）裁切标准纸样：在标准测试条件下，从每批要测试的纸样中抽出几张，顺着纸的横边切成 100mm×100mm 的试样 10 张或 250mm×200mm 的试

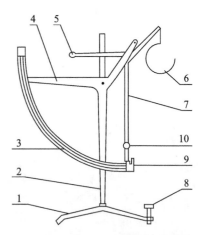

1—底座；2—立柱；3—刻度盘；4—支架；
5—平衡锤；6—载物台；7—象限杆；
8—调整螺丝；9—指针；10—重锤

图 4-1　YQ-Z-12 型纸张象限秤

样 2 张待用。

（3）在象限秤上测试：把准备好的试样放入载物盘 6 中，待指针稳定后读得指针所指的数值，第一行刻度值即为该试样的定量（g/m²），第二行刻度值为该试样的重量（g）。

此试验要做三次，以算术平均值表示测定结果，并记录最大值和最小值。

2. 天平测试法

（1）从每张试样上切取 100mm×100mm 的试样至少 5 张，分为两组，一并称量；宽度在 100mm 以下的盘纸应按卷盘全宽切取 5 条长 300mm 的纸条，一并称量。宽度在 100mm 以下的盘纸，应测量所称量纸条的长、短边，准确至 0.1mm，然后计算面积。

（2）定量 W（g/m²）按式（4-1）计算

$$W = \frac{g}{F} \tag{4-1}$$

式中，g——试样总重量，g；

F——试样总面积，m²。

（3）取值：在每一包装单位中，取出三组试样分别测定，以所有测定值的算术平均值表示测定结果，并报出最大值和最小值。

五、注意事项

切纸取样时，要求平行度很准确。尺寸要求精确到 0.25%。要防止仪器撞击与振动，各部分螺钉防止松动。

六、介绍两个小常识

1. 平板纸的令重计算方法

令重是表示每一令（500 张）纸张的总重量，以公斤为单位。计算公式如下：

$$Q = \frac{L \times B \times 500 \times W}{1000} = 0.5LBW \tag{4-2}$$

式中，Q——令重，kg；

L——纸的长度，m；

B——纸的宽度，m；

W——纸的定量，g/m²。

2. 用纸量的计算方法

例如，一本书的正文及封面各用多少纸？可以根据页码、开数和印数来计算。

$$封面用纸令数 = \frac{印数}{封面开本 \times 1000}$$

这两种计算方法都没有考虑损耗。

七、思考题

影响测量结果准确性的因素有哪些？

实验二

纸张厚度测量及紧度计算

一、实验目的

了解纸张紧度的含义，表示方法、影响因素及其对印刷品质量的影响。

掌握纸张厚度的测试方法以及紧度的计算方法。

二、实验原理

厚度：在规定的一定面积和一定压力条件下，测定纸或纸板的两个表面之间的垂直距离，所得到的数值为纸张的厚度，单位是 mm。

紧度：紧度是指纸张每立方厘米的重量，单位是 g/cm^3。

测量机构主要是利用测量头（面积为定值）对位于它和量砧之间的纸施加一定压力。由于纸夹在其中，有一定距离，这距离传给厚度测定器的距离构件，从而在显示屏上显示出纸的厚度。

三、实验仪器及材料

1. 仪器：ProGage 电子纸张厚度测定仪，设备如图 4-2 所示。

图 4-2　ProGage 电子纸张厚度测定仪

2. 裁刀。

3. 测试纸样。

四、实验步骤

1. 准备工作

（1）切取试样：在每一张试样上切取 100mm×100mm 的试样 5 张。

（2）处理试样：在标准条件下进行平衡处理。

（3）调整仪器零点：如图 4-2 所示，按 ZERO 键，屏幕上显示 ZEROING，调完零点后，可以进行测试。

（4）单位选择：选择的单位显示有米、微米、毫米、英寸。重复按 UNITS 键，选定好单位后，按任意键（除了 UNITS）来确认。机器自动返回 TEST 状态，可以进行测试。

2. 测试试样

单次方式：必须每做一次实验按一次 TEST 键。

Over99 模式：仪器会重复测试，直到按任意键停止。仪器超过 99 次测试，前一次的计录会被覆盖掉。

累加模式：测试结果会自动累加，直到按任意键结束，结果会累加起来显示总和。

五、计算结果

厚度小于 0.05mm 的纸修约至 0.001mm。

厚度小于 0.2mm 的纸修约至 0.005mm。

厚度在 0.2mm 以上的纸修约至 0.01mm。

六、紧度的测定

由纸或纸板的定量及其厚度计算得出，单位为 g/cm^3。计算公式如下：

$$D = \frac{W}{T \times 1000} \tag{4-3}$$

式中，W——定量，g/m^2；

T——厚度，mm；

D——紧度，g/cm^3，有效数字取三位。

七、思考题

多张纸测定除以张数的厚度与单张厚度是否相同？为什么？

实验三

纸张印刷平滑度的测定

一、实验目的

了解纸张平滑度的含义，表示方法、影响因素及其对印刷品质量的影响。

掌握纸张平滑度的测试原理以及测试方法。

二、实验原理

印刷平滑度就是指纸张在一定压力下的平整程度。

采用"ZPD — 10B"型无汞纸张平滑度测定仪，此仪器是根据空气泄漏法原理设计的，采用这种方法是在一定的真空度、一定的面积、一定的试验压力下，测定一定容积的空气，通过试样和玻璃砧之间的接触表面所需的时间用"s"表示。试样越平滑，它与玻璃砧的接触就越紧密，空气通过的速度就越慢，需要的时间就越长。

三、实验仪器及材料

1. 仪器："ZPD-10B"型无汞纸张平滑度测定仪，主要分为三部分，下面分别介绍。结构如图 4-3 所示。

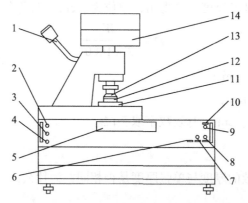

1—手柄；2、3、4—压力指示灯；5—数字显示器；6—操作按钮；7—挡位按钮；8—电源开关；
9—调零按钮；10—调零指示灯；11—砧座；12—玻璃砧；13—砧盖；14—压力砧

图 4-3 电子平滑度测定仪

（1）加力部分：主要由加力架、加力座、压力砧、压力轴、压轴、拨动块、手柄、砧盖等组成。

（2）容积部分：主要由容积块、砧座、玻璃砧、电磁阀、真空泵气嘴等组成。

（3）电控部分：主要由信号源、控制器、传感器、放大器、计数译码器、恒流源、稳压源等组成。

仪器符合下列要求：

（1）真空系统容积：　×1　　　（380±1）ml

　　　　　　　　　　　×10　　（38±1）ml

（2）试验面积：（10±0.05）cm^2

（3）试样所受压力：（100±2）kPa

（4）试样工作区域：50.66～48.00kPa

（5）胶垫：

　　　厚　　度：（4±0.2）mm

　　　平 行 度：0.05mm

　　　直　　径：不小于45mm

　　　硬　　度：（45±5）　IRHD（国际橡胶硬度）

　　　复原弹性：至少62%

（6）计时器：

　　　计时范围：×1　　　9999.99s

　　　　　　　　×10　　99999.9s

　　　计时精度：（1000±1）s

2. 裁刀。

3. 测试纸样。

四、实验步骤

1. 开机准备

打开电源开关；指示灯点亮，使机器预热30min。

2. 试样处理

同种纸张要按GB/T 450—2008的规定采集试样，并在标准温度、湿度下进行处理，裁切成50mm×50mm，至少测试4个样品（要测一半正面，一半反面），每面只能测一次。

3. 安放试样

将切好的试样，放在玻璃砧与胶垫之间，慢慢松开手柄，压紧试样，不能产生冲击，否则会影响试验结果。此时的压力为100kPa。

4. 测试试样

按动操作钮6，显示器5自动清零，真空泵开始工作。当容腔内与外界气压压差为53.33kPa时，三个指示灯依次燃亮，真空泵停止工作。外界空气逐步进入容腔，使内外压差变小，当50.66kPa指示灯一灭，数字显示器开始同步计数，当48.00kPa指示灯一灭，计数同时停止，此时显示器上显示的数值即是该纸样的平滑度值。单位是s。

五、试验结果处理

1.不论用"×1"或者"×10"挡位，显示器上所显示的数值，均是该纸样的平滑度数值，不需要做任何计算。

2.在少于2个时进行测定，分别以正、反面所有测定值的算术平均值表示测定结果，并报出最大值和最小值。

计算结果修约至1s。

六、注意事项

1.此仪器要放在清洁无尘的房间内，室内应保持恒温、恒湿，工作台要稳固水平。

2.试验时，50.66kPa指示灯必须燃亮一分钟以上，否则数据不准。

七、思考题

1.为什么每面只能测量一次？反复使用对测量结果有什么影响？

2.这种仪器有什么优缺点？

实验四

纸与纸板粗糙度的测定法

一、实验目的

了解纸张粗糙度的含义、表示方法、影响因素及其对印刷品质量的影响。

掌握纸张粗糙度的测试原理以及测试方法。

二、实验原理

采用空气泄漏法，在接近实际印刷的压力的条件下，试样压在一个平的金属圆环和弹性衬垫之间，将测量环与纸面之间泄漏的空气流量，换算成以 μm 表示的绝对单位的粗糙度值。可以直接预测出填充纸面凹坑所需的墨膜厚度。测试原理如图 4-4 所示。

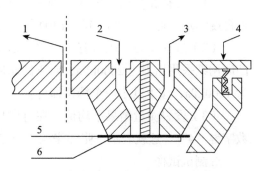

1—中心气孔；2—空气入口；3—空气出口；
4—测头背面；5—试样；6—衬垫

图 4-4　PPS 表面粗糙度测试仪的测试原理

三、实验仪器及材料

1. 仪器：PPS 表面粗糙度测试仪，由测量头、气动控制装置和测量板三大部分组成，结构如图 4-5 所示。

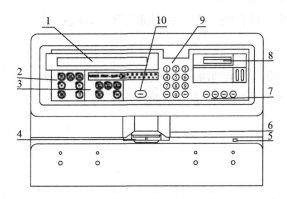

1—显示屏；2—压力面板；3—调节压力控制面板；4—测量头；5—进气控制钮；
6—纸张传感器开关；7—打印控制面板；8—打印机口；9—数字键；10—测试按钮

图 4-5　PPS 表面粗糙度测试仪外形结构

2. 测试纸样。

四、实验步骤

1.选择衬垫类型

测试票据纸、证券纸、涂布凸版纸等用硬衬垫，其他常用纸都用软衬垫。

2.安装

安装测量头和衬垫。

3.开机预热

打开仪器，预热 15min，调整仪器。首先打开空气压力泵，保证气压达到 300 ～ 600kPa。

4.选择测试模式

（1）选择在粗糙度模式下测量：在压力面板区按下"R"键，该键绿灯亮，表示是粗糙度测定。再按下"S"键，LED 指示灯亮，表示选用软衬垫。

（2）选择压力：压力有三个挡"CP500""CP1000""CP2000"。测试时推荐对于凸印用纸采用压力为 2000kPa，对于凹印用纸采用压力为 500kPa，对于胶印用纸采用压力为 1000kPa，按下其中一个挡位即可。

（3）设置测量结果平均值：在打印控制面板上，按下"AVE"键，LED 灯亮后，按数字键"4"，这就表示一张样张测 4 个点取平均值。按下"END"键，设置完毕。

5.测试试样

将样张依次插入测头下方，纸样宽度要覆盖测头底部。按下测量键"START"，挪动纸样，测 4 处不同位置。完成 4 处测量后，按下"END"键，自动求出平均值，单位 μm。

五、注意事项

1.测量前确保测量头不漏气，表面干净，如有灰尘，用配备的软布擦拭。

2.测量头每次用完后放回原处。

3.不要划伤、碰伤、撞伤测量头，否则都会严重影响到测量结果。

六、思考题

1.同种纸张在不同压力下测量的 PPS 值是否相同？为什么？

2.画出不同纸样的压力与 PPS 值关系曲线。

实验五

纸和纸板 K&N 油墨吸收性的测定

一、实验目的

了解纸张 K&N 值的含义，表示方法、影响因素及其对印刷品质量的影响。

掌握纸张 K&N 油墨吸收测试的原理以及测试方法。

二、实验原理

通过测定纸和纸板在规定时间内，在标准面积上吸收非挥发性油墨颜料后，表面反射因数 R_r 的降低来表示油墨吸收性能。

三、实验仪器及材料

1. 仪器：K&N 油墨吸收性试验仪，仪器结构如图 4-6 所示。

2. 测试纸样。

3. 特制专用刮墨刀。

4. K&N 测试油墨。

四、实验步骤

1. 校准仪器

检查、预热和校准仪器。

2. 测蓝光反射因数

1—机座；2—擦墨台；3—扇形体；
4—卷纸轴；5—纸卷架；6—电机；
7—涂墨压板；8—控制面板

图 4-6　油墨吸收性试验仪结构

用反射光度计测定试样表面涂 K&N 油墨前蓝光（457nm）反射因数 R_∞。被测试纸样下应衬相同材料纸样若干张至不透明。依次测试不得少于 5 张试样。

3. 涂油墨

在已知反射因数 R_∞ 的测试纸样上用 K&N 油墨吸收性仪（或用手）涂上 K&N 油墨。

（1）放试样：取一张试样放在涂墨压板下。试样被测面向上，长边平行于仪器前后方向。

（2）涂墨：把 K&N 油墨搅拌均匀。取适量放在涂墨板上，用刮墨刀刮匀，使油墨均匀分布在试板上，使其成面积为 20mm²，厚度为 0.1mm 的正方形或圆形油墨膜。

（3）擦墨：吸墨时间到 2min 时，用擦墨装置将试片上的墨擦掉，此时试片上留下 20mm² 墨迹。

（4）重复以上（1）～（3）步骤，依次测试不少于 5 张试样。

4. 测试试样

用反射光度计测试试片墨迹中心区域蓝光反射因数 RF。操作及要求同 3.（2）。背衬材料为未涂墨相同材料的试片。

五、实验结果处理

1. 计算：

$$K\&N 值 = \frac{R_\infty - R_F}{R_\infty} \times 100 + R_r \qquad (4\text{-}4)$$

式中，R_∞——涂油墨前试片表面绿光反射因数 R；

R_F——涂油墨后试片表面墨迹中心区域光反射因数；

R_r——每批墨样校正值。

2. 取平均值：分别计算每个试片的 K&N 值，然后算出 5 个结果的平均值。

六、实验注意事项

1. 吸墨时间固定：因随油墨吸收时间的增加，试样 K&N 值增大。本实验采用的吸墨时间是 2min。

2. 用反射光度计测定同一试样的墨迹区域时，衬垫用不同的材料，所得 K&N 值的平均数不一样。因此，只有使用未涂墨的相同材料试片至不透明做背衬，才可行。

3. 放置时间：擦墨后墨迹放置时间应在擦墨后 24 小时内完成试样墨迹区域反射因数的测定。因放置时间再长，K&N 值基本上也没什么变化。

七、常用纸张的 K&N 值的吸收范围

常用纸张的 K&N 值的吸收范围列出（表 4-1），仅供参考。

表 4-1 常用纸张的 K&N 值的吸收范围

纸张	新闻纸	凸板和胶印书刊纸	胶版印刷纸	胶版印刷涂料纸	铸涂纸板
油墨吸收值范围	42～53	47～60	36～65	16～43	12～40

八、思考题

对同种纸张，影响 K&N 值高低的因素有哪些？

实验六

纸张抗张强度的测定

一、实验目的

了解纸张抗张强度的含义，表示方法、影响因素及其对印刷品质量的影响。掌握纸张抗张强度和伸长率的原理以及测试方法。

二、实验原理

抗张强度是指单位宽度的纸或纸板所能承受的最大张力，以宽度为 15mm 的标准试样测得的纸样裂断时的荷重来表示。本机在主机框架底部装有直流电机，电机旋转经变速箱减速后传递给丝杠，丝杠带动横梁上下移动，移动横梁的位移由滑杠导向，使移动横梁平稳地上下移动。试验时试样所承受的拉力经上夹头传递给测力传感器，其机械信号转换成电信号后放大输出。

三、实验仪器及材料

1. 仪器：KZW-500 型微控抗张试验机，由主机、移动横梁控制单元、测量及数据处理单元、计算机及打印机等主要部分组成，如图 4-7 所示。

2. 15mm 定距裁刀。

3. 测试纸样。

1—上夹头；2—下夹头；3—测试面板；
4—显示面板；5—升降键；6—电源开关键；
7—选择调节键；8—标定调节键

图 4-7　纸张微控抗张试验机结构

四、实验步骤

1. 试样处理

要按照国家规定的标准处理试样。试样宽（15±0.1）mm，长度根据夹头距离而定，标准夹头距为 180mm，则纸带长应为 250mm。纸边要平行，无伤痕、毛边等缺陷。纵、横方向试样各 10 条。纵、横方向各至少测 5 个试样。

2. 开机准备

（1）开机后需要预热 15 分钟，按一下复位键，消除原来的测试数据。

（2）调节调零旋钮，将显示器试验力数值归零。

（3）选择测力量程：量程分为两挡：0～50N、0～500N。按下"1"键，代表选择的最大量程为500N；按下"10"键，代表选择的最大量程为50N，而试验力的测量分辨力提高10倍。一般情况下，选择的最大量程为500N，也可以先预测试样来确定选择哪一量程。

（4）按下标定键，调节标定旋钮到标准标定值（量程为0～500N时，标定值为398.2；量程为0～50N时，标定值为397.3）。

3.置入试验参数

（1）首先输入年月日，如2003年8月19日。按"置数"键，在置数面板上显示"11"，输入年"03"，按"有效"键确定；置数面板上显示"12"，输入月"08"，按"有效"键确定；置数面板上显示"13"，输入日"19"，按"有效"键确定。

（2）试验速度：置数面板上显示"2"，输入试验速度，按"有效"键确定；同时调节速度旋钮，使速度达到设定值，速度一般设为10～20m/s。

（3）试样定量：置数面板上显示"3"，输入试样定量，按"有效"键确定。

（4）试样长度：置数面板上显示"4"，输入试样长度，按"有效"键确定。

（5）试样宽度：置数面板上显示"5"，输入试样宽度，按"有效"键确定。

（6）夹头距离：置数面板上显示"6"，开始调节夹头距离，不需要改变（原出厂设定为180mm），就按"有效"键确定，显示"0.0"。要改变夹头距离，就必须先按"无效"键，再输入需要的数值（这个数值是与先前所设定的夹距之差），数值输入时要有一位小数点才有效，按"有效"键确定，再按"▲上升"键，或"▼下降"键，或者按"▲▼"，到达位置后设备会自动停止。

（7）试样编号：按"启动"键，出现试样编号，按"有效"键确定以示"置数"结束；也可按"无效"键，自行设定，后按"有效"键确定，便可以开始实验了。

4.测试试样

（1）测试：把试样夹好，按"启动"键和"有效"键确定，按"▲上升"键开始测试。试样断裂后检查试验是否有效，如果有效就按"打印"键，无效就按"清除"键，此次测试的结果就会被清除掉。测试下一个试样可以直接按"▲上升"键。

（2）数据处理：当一组试样完成后，应按"处理"键，打印机就会打印出这一组试样试验结果的平均值。

（3）做下一组试验：应从第一项开始，按"置数"键，一步步按顺序往下做，参数不需要改变就按"有效"键，要改变就先按"无效"键，再输入新的参数，按"有效"键确定。

注意：只需在每组试样的第一个试样按一下"启动"键和"有效"键即可，不需要每个试样都重复按"启动"键和按"有效"键。

5. 实验报告表头含义（见表4-2）

表 4-2 实验报告表头含义

字符	名称	计量单位	有效数字	说明
V	试验速度	mm/min	3位	
g	式样定量	g/m²	4位（×××.×）	
L	规定试验长度	mm	3位	
B	试样宽度	mm	2位	
No	试样序号		2位	拉伸试样顺序号
t	时间	s	2位	试样被拉伸至断裂时所需时间
l	断裂时伸长	mm	4位（××.××）（×.×××）	试样被拉伸时的伸长量
F	抗张力	N	4位（××.××）	断裂时伸长对起始试样长度的百分比
Q	断裂时伸长率	%	4位（××.××）	
S	抗张强度	kN/m	4位（××.××）	
I	抗张指数	Nm/g	4位（××.××）	
L_B	断裂长	km	4位（××.××）	
Z	抗张能量吸收	J/m²	4位	
Iz	抗张能量吸收指数	mJ/g	5位	

五、测试结果处理

抗张强度以下述之一种单位表示。

1. 绝对抗张强度：纸或纸板在抗张强度测定器上，以所规定的标准试样的宽度，直接测定出的数值来表示就是绝对抗张力（kg）。

2. 裂断长 L（m）：是强度与重量的比，表示一定宽度的纸条本身的重量将纸裂断时所需的长度（m）。用式（4-5）计算：

$$L = \frac{F \times 10^3}{9.8 \times g \times L_W} \tag{4-5}$$

式中，L——裂断长，m；

F——试样的绝对抗张力，N；

L_W——试样的宽度，mm；

g——试样定量，g/m²。

3. 抗张强度计算：

$$S = \frac{F}{L_W} \tag{4-6}$$

式中，S——抗张强度，N/m；

F——绝对抗张力，N；

L_W——试样的宽度，mm。

六、注意事项

1. 在测试过程中，纸条与纸条之间有相对滑动时，测试结果作废。

2. 试样若在夹子内部或距夹口 10mm 以内断裂时表示纸条夹持不正，该结果应弃去不计。

3. 全部测定完毕后应下压手柄，让下夹头降至最低位置，然后关闭马达。

4. 从每一包装单位中取出的不同纸样上，切取 10 条试样（纵、横方向各 5 条）测定抗张强度和伸长率，分别以所有测定值的算术平均值表示测定结果。试样横截面积的计算准确至 $0.01cm^2$，抗张强度的计算结果修约至 $0.1kg/cm^2$，伸长率读至 0.2%。

七、思考题

试验速度对检测结果有影响吗？为什么？

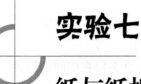

实验七

纸与纸板耐折度的测定

一、实验目的

了解纸张耐折度的含义，表示方法、影响因素及其对印刷品质量的影响。

掌握纸张耐折度测试的两种测试原理以及测试方法。

二、实验仪器及实验步骤

1.采用"MIT式耐折度测定仪"

（1）实验原理

如图4-8所示，耐折仪是直立的，能使试样折叠135度折头左右摆动，试样所受的张力为500～1500g（可根据需要而调节），用于测定厚度为1mm以下的纸或纸板的耐折叠疲劳强度，也适用于1mm以下其他片状材料的实验，但慎用于合成材料，以免因材料耐折次数过高而损坏仪器。

图4-8　耐折度测定仪

（2）仪器结构

①传动部分：由电动机通过联轴器和蜗杆轴连接，经蜗轮蜗杆减速到175次/分，再通过偏心滑块机构和装在滑板一侧的齿条，使下夹头产生（175±25）次/分的折叠速度。

②夹头部分：上夹头夹紧试样，并根据需要对纸张施加一定的张力。

下夹头采用斜楔结构夹紧试样，其夹口同时又是折叠口，能左右摆动一定角度，使试样反复折叠135度，直至断裂。

下夹头配有四套，折叠夹头缝口的距离分别为0.25mm、0.50mm、0.75mm、1.00mm，可根据试样的厚度不同来选择。

③计数部分：采用台式微型计算器，可显示出试样断裂时的折叠次数。

（3）实验步骤

①试样的准备：要根据国标 GB/T 450—2008 的规定处理试样。试样尺寸为宽（15±0.02）mm，长 150mm 或 130mm，纵横方向各 8 条。

②将仪器置于水平位置，然后转动旋钮 1 使下夹头停在中间的位置（待测位置），检查计算器使其归零。

③选择下夹头：根据被测试样厚度选择间距合适的下夹头。装于主机摆动轴法兰盘上。

④调张力：掀下张力杆 3，调节所需的弹簧力，并调节制动螺钉固定住。一般纸为 1kg，纸板为 1kg 或 1.5kg。

⑤夹试样：将纸条垂直地夹紧于测定仪的两夹头之间，松开制动螺钉，再观察指针是否在所需的位置，如有位差，再重新调整。

⑥计数：按下计算器"ON"键，打开计数器。按数字输入键"1"再按运算键"+"和"="，此时显示屏上显示数"1"，再打开主机电源开关 10，电机运转，开始往复折叠至试样折断；读取计算器上的指示值，此值即为试样被折断时的往复折叠次数。

⑦使计算器回零，再进行下一次实验。

（4）数据结果及处理

在每一包装单位中，从取出的不同纸样上切取纵、横向各 8 条试样进行测定。以纵向、横向、正面、反面所有测定值的算术平均值表示测定结果。并以列表方式记录不同品种，不同方向的纸样在相同张力或不同张力条件下的数据，取算术平均值作为测量结果，并要说明弹簧张力及标准偏差值。

2. 实验仪器：采用 ZZD-025C 电子式耐折度仪

（1）实验原理

这种测试仪是肖伯尔式耐折度仪，通过弹簧对纸样施加 7.55N 的初张力和 9.81N 的最大张力，将纸样来回折叠将近 180 度，使纸样抗张强度小于张力最后断裂。该仪器适用于抗张强度大于 1.33kN/m，厚度小于 0.25mm 纸张的耐折度的测定。

（2）仪器结构：如图 4-9 所示。

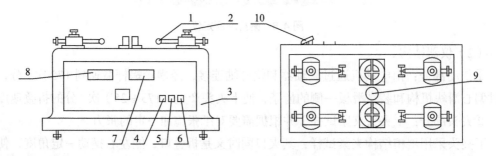

1—旋钮；2—扳钮；3—机壳；4—测量键；5—停止键；6—复位键；7、8—数字显示器；9—孔盖；10—电源开关

图 4-9 ZZD-025C 耐折度仪结构

（3）测试步骤：

①试验准备工作：

切取试样：把纸样裁切成若干张面积为 15mm² 大小的样品；

开机：掀开机盖，打开电源，预热 10 分钟；

夹持试样：将四个拨钮提起，使夹头处于相对最近的位置，把试样平整地放在两组夹头的夹板之间，并夹紧；

再用手握住套管尾部，相对拉开到拨钮落下锁住为止，此时夹头相对的距离最大。

②测试：

清零：按下"复位键"，两组数字显示器均显示零；

测试：按下"测量键"，仪器开始工作，试样开始受到往复折叠作用，两组数字显示器开始计数；

读数：当其中一组试样被折断时，其对应的数字显示器停止计数，数字显示器数字就是该试样的往复折叠的次数；另一组纸样断裂后，重复同样的过程，同时仪器自动停机。

③试样更换：在测试的过程中，需要停机更换某个试样时，可按"停止键"进行更换。重新放入试样开始测定，不按"复位"键，无论中间调整几次试样，均可连续计数，否则就从零开始计数。

三、数据记录及处理

以列表方式分别记录不同种类，不同方向纸样在相同条件下的测量数据，取多次测量的平均值作为测量结果。

四、思考题

1. 张力对耐折度有什么影响？

2. 纸张的纵向、横向耐折度有何不同？为什么？

实验八

纸与纸板表面强度的测定

一、实验目的

了解纸与纸板表面强度的含义、表示方法、影响因素及其对印刷适性的影响。

掌握纸与纸板表面强度的测试方法。

二、实验原理

表面强度是指纸张表面细小纤维、填料、胶料间，涂层粒子间，涂层与原纸间结合的牢固程度。可以表示为拉毛阻力。流体在平面间的分离力与分离时的速度成正比。采用加速印刷方法，测量纸张不能承受油墨黏拉力而产生起毛的最小印刷速度用"cm/s"来表示。

IGT 印刷适性仪是模拟印刷机的一种小型测试仪器，将拉毛油印刷在被测的纸条上，拉毛速度及拉毛阻力，可以由印刷的起始点到开始起毛点之间的距离测得。在这种试验方法中，拉毛阻力用拉毛速度（m/s）与拉毛有的黏度（Pa·s）的乘积来表示。这个积称作 VVP 值（黏度速度乘积），对于一定等级的纸，该乘积应是恒定的。

在一定条件下，可利用一定黏度的拉毛油，以 VVP 值来比较各种纸所得到的实验结果。

三、实验仪器及材料

1. 仪器：AIC2-5 型印刷适性仪，如图 4-10 所示。

2. 调墨刀一把。

3. 中等黏度的拉毛油。

4. 纸垫。

5. 测试样条多张。

6. 油墨清洗剂（溶剂汽油）、脱脂棉或洁净棉纱。

四、实验步骤

表面强度测试法

1. 准备纸样

准备好尺寸为 55mm×340mm 的测试试样多张，并标好试样代码。

图 4-10　AIC2-5 型印刷适性仪

2. 印刷条件

1cm 宽的铝印盘，印刷压力为 350N。

3. 调节印刷速度

将扇形盘上的速度类型选择滑挡拨到"◢"位置，计时器开关设在"关"的位置，速度选择开关设在"低"（low）的位置，按下机器右侧方的马达启动键并保持住，转动速度调节器来调节速度。速度数值由前显示板的速度表读出。本实验的速度在 0 ~ 3m/s 自由选择。

4. 调节印刷压力

将印刷盘合压柄顺时针转到底（离压过程），在扇形盘上安装一张试样，转动扇形盘到起始位置，将网点印刷盘装在印刷轴上，再将合压柄逆时针转到底（合压过程），这时印刷盘与扇形盘便开始接触了，转动压力调节手柄将压力调至实验所需的值。压力值可由标尺读出。将印刷压力调至 350N，调完压力后离压，取下印刷盘和试样。

5. 高速匀墨器设置

水温：23.0℃

高速匀墨器选择模式 3

启动时间：10s

匀墨时间：30s

匀墨速度：0.5m/s

2 次匀墨时间：10s

2 次匀墨速度：0.5m/s

首次需添加 0.28cm³ 拉毛油（可达到 8 微米的墨膜厚度），进行第一次测试，之后每次测试前可添加 0.02cm³ 调墨油继续匀墨，不能超过 4 次。

6. 安装试样及印刷盘

将试样装在扇形盘上，转动扇形盘到起始位置，将上好墨的印刷盘插入上印刷轴上。

7. 印刷

将合压柄逆时针转到底，右手按住启动马达按钮，左手按住印刷按钮，直到扇形盘完成转动再松手。完成印刷后将试样从扇形盘上拿下，顺时针转动合压柄，并将印刷盘从轴上取下。

8. 确定拉毛起始点

把样条放在观察灯下观察起毛点，以开始连续起毛的点作为起毛始点，画下起毛点的位置，在拉毛速度表上即可查出此点的拉毛速度，记录数据，单位为 cm/s 或 m/s。

9. 清洗

实验结束后，用汽油棉清洗匀墨器的所有辊子。

威氏棒测试法

威氏棒是美国人发明的将 IGT 拉毛方法更为简化的一种附件。用作拉毛试验可减少拉毛油的浪费，墨层厚度控制较准确，清洗方便，特别是试验数量较少时更为适用。比如证券纸由于表面强度较大，必须用高黏度拉毛油才能使拉毛发生并求得其拉毛速度，而高黏度拉毛油在匀墨装置上匀布及转移都较难控制，容易影响试验结果的准确性。

1. 准备纸样

准备好尺寸为 55mm×340mm 的测试试样多张，并标好试样代码。

2. 调节印刷速度

将扇形盘上的速度类型选择滑挡拨到"◣"位置，计时器开关设在"关"的位置，速度选择开关设在"低"（low）的位置，按下机器右侧方的马达启动键并保持住，转动速度调节器来调节速度。速度数值由前显示板的速度表读出。本实验的速度在 0～3m/s 自由选择。

3. 调节印刷压力

将印刷盘合压柄顺时针转到底（离压过程），在扇形盘上安装一张试样，转动扇形盘到起始位置，将网点印刷盘装在印刷轴上，再将合压柄逆时针转到底（合压过程），这时印刷盘与扇形盘便开始接触了，转动压力调节手柄将压力调至实验所需的值。压力值可由标尺读出。将印刷压力调至 700N，调完压力后离压，取下印刷盘和试样。

4. 安装印刷盘和威氏棒

威氏棒装置包括：槽深 15μm 的印刷盘，槽宽 10～17mm，带配重的杠杆即可移动的刮墨棒支架，摇柄，装配附件、装配棒等；

将带配重的杠杆、刮墨棒及支架，套在装配附件的轴上，使刮墨棒自然接触印刷盘。

5. 安装试样

将试样装在扇形盘上，转动扇形盘到起始位置。

6. 注墨、匀墨

将摇柄装在印刷盘的手柄上，在印刷盘上加少量拉毛油（黄豆粒大小），逆时针转动印刷盘使拉毛油均匀分布，从印刷盘上取下摇柄，取下杠杆及刮墨棒支架。

7. 调整位置

转动印刷盘，使刚与刮墨棒接触的部位恰好处于印刷盘与扇形盘即将接触点的下方，将印刷盘上的墨线调整到与试样相切的位置。

8. 印刷

将合压柄逆时针转到底，右手按住启动马达按钮，左手按住印刷按钮，直到扇形盘完成转动再松手。完成印刷后将试样从扇形盘上拿下，顺时针转动合压柄，并将印刷盘从轴上取下。

9. 确定拉毛起始点

把样条放在观察灯（图 4-11）下观察起毛点，以开始连续起毛的点作为起毛始点，画下起毛点的位置，在拉毛速度表上即可查出此点的拉毛速度（图 4-13），记录数据，单位为 cm/s 或 m/s，如图 4-12 所示。

10. 清洗

实验结束后，用汽油棉清洗匀墨器的所有辊子。

图 4-11　拉毛点观察灯

图 4-12　拉毛效果

	0	1	2	3	4	5	6	7	8	9	10	11	12	13	14	15	16	17	18	19	20
0.5m/s				0.12	0.14	0.16	0.18	0.20	0.23	0.25	0.27	0.30	0.32	0.34	0.36	0.39	0.41	0.43	0.45	0.48	0.50
1.0m/s				0.23	0.27	0.32	0.36	0.41	0.45	0.50	0.54	0.59	0.64	0.68	0.72	0.77	0.82	0.86	0.91	0.95	1.00
1.5m/s					0.41	0.48	0.54	0.61	0.68	0.75	0.81	0.89	0.96	1.02	1.10	1.16	1.23	1.29	1.36	1.43	1.50
2.0m/s						0.64	0.73	0.82	0.91	1.00	1.09	1.18	1.27	1.36	1.45	1.54	1.64	1.73	1.82	1.91	2.00
3.0m/s						0.96	1.09	1.23	1.36	1.50	1.63	1.77	1.91	2.04	2.17	2.31	2.46	2.59	2.73	2.86	3.00
4.0m/s						1.27	1.45	1.64	1.82	2.00	2.18	2.36	2.54	2.73	2.91	3.09	3.27	3.45	3.64	3.82	4.00
5.0m/s						1.59	1.81	2.06	2.28	2.50	2.72	2.95	3.18	3.41	3.64	3.86	4.09	4.31	4.55	4.78	5.00
6.0m/s							2.17	2.46	2.73	3.00	3.27	3.54	3.81	4.09	4.36	4.63	4.90	5.18	5.46	5.73	6.00
7.0m/s							2.54	2.87	3.18	3.50	3.81	4.13	4.44	4.78	5.09	5.41	5.72	6.04	6.37	6.68	7.00

图 4-13　IGT 印刷适性仪 AIC2-5 型拉毛速度

五、注意事项

1. 印刷开始点为墨盘与纸条接触的地方，在纸条上显有较深印痕宽度的中点作为零点，由此点量到起毛点的距离，对照速度—距离表查出起毛点的速度，即拉毛速度（表面强度）。拉毛起始点的确定是在拉毛观察仪下观察得到的。

2. 如果起毛距离小于 20mm，就应降低印刷速度。如果速度不能再降低，就应换黏度低的拉毛油。

3. 如果起毛点发生在样条的端部，就应提高印刷速度。如果速度不能再提高，就应换黏度高的拉毛油。

4. 考虑到温度及湿度会对纸及拉毛油的特性产生影响，建议在标准试验环境下操作，即 23.0℃ ±1.0℃及 50.0%±2.0%RH。

5. IGT 拉毛油黏度变化的特性如表 4-3 所示。

表 4-3   IGT 拉毛油黏度变化特性

温度/℃	20	20.5	21	21.5	22	22.5	23	23.5	24	24.5	25
低黏/Pa·s	22.5	21.7	20.8	20	19.2	18.3	17.5	17.5	16	15.3	14.5
中黏/Pa·s	68	65.3	62.7	60	57.4	54.7	52	50	48	46	44
高黏/Pa·s	145	145	139.2	133.9	127.5	115.9	110	105.5	101	96.5	92

对于一定等级的纸张，它们的 VVP 值应是恒定的，当相同的纸张用任何等级的拉毛油施印时，该拉毛油的实际黏度值可由 VVP 值及拉毛速度测定出来，实际黏度值与用黏度计得出的结果是可比的。

VVP 值也可以用来补偿在试验过程中因温度而产生的偏差，可参考 IGT 拉毛油黏度变化的特性表。

六、思考题

1. 拉毛油黏度对测量结果是否有影响？

2. 什么叫 VVP 值？如何计算？

3. 不同纸张使用相同黏度的拉毛油，测出的拉毛速度是否相同？为什么？

实验九

纸与纸板白度及不透明度的测定

一、实验目的

了解纸张白度及不透明度的含义，表示方法、影响因素及其对印刷品质量的影响。
掌握纸张白度及不透明度的测试方法。

二、实验原理

纸张的白度是指纸张受光照射后，对光的全面反射的能力。TAPPI 白度指定向（450/00）蓝光（457nm）。

仪器模拟 D65 照明体照明，采用 450/00 照明观测条件，漫射球直径 150mm，测孔直径 32mm，积分球开孔比 > 10 ∶ 1，设有光吸收井，消除试样表面镜面反射的影响。根据 ISO 及国标设计测定 R_{457} 白度光学系统的光谱功率分布，采用符合 CIE 标准规定 D_{65} 光源、100 视场的 Y_{10} 明度光学系统，测量定向蓝光反射率，表示纸张的白度。按 GB/T 7973—2003 测定试样背衬黑筒的单层反射因数及多层试样的内反射因数，由二者的比值得到不透明度。

三、实验仪器及材料

1. 仪器：XT48B-BN 型白度测试仪，其设备如图 4-14 所示。

2. 试样：裁切 100mm × 100mm 的试样多张，并在标准的温度、湿度下测定。

四、实验步骤

白度的测定

1. 开机预热

接通电源，仪器面板的显示屏上即显示 120 秒倒计时。

2. 校零

左手按下"滑筒"，右手将"黑筒"放在"试样座"上，让滑筒升至"测量口"，按下"键盘"上的"校零"键，屏幕显示"校零完毕"。

3. 校准

按下仪器的滑筒，取出黑筒，换上工作标准白板，

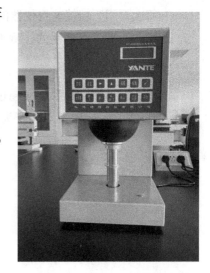

图 4-14 XT48B-BN 型白度测试仪

把工作标准白板升至测量口，按"校准"键，屏幕显示"校准完毕"，取下标准白板。

4. 测试样品

将一叠样品放在试样座上，把滑筒升至测量口，按一下"工作键"，显示屏即显示出该试样的 R_{457} 白度值。

不透明度的测定

1. 开机预热

接通电源，仪器面板的显示屏上即显示 120 秒倒计时。

2. 校零

左手按下"滑筒"，右手将"黑筒"放在"试样座"上，让滑筒升至"测量口"，按下"键盘"上的"校零"键，屏幕显示"校零完毕"。

3. 校准

按下仪器的滑筒，取出黑筒，换上工作标准白板，把工作标准白板升至测量口，按"校准"键，屏幕显示"校准完毕"，取下标准白板。

4. 测量试样的不透明度

①拉出小拉板到底，推进大拉板到底。

②以多层试样（层数以不透明为宜），按"R_∞"键，即显示 R_∞ 数值（%）（可多次测量取平均值）。

③试样托上放一层试样，试样下面再放黑筒作为背衬，按"R_0OPT"键，即显示不透明度 OP（%）（可多次测量取平均值）。

$$不透明度 = R_0 / R_\infty \times 100 \qquad (4\text{-}7)$$

式中，R_0——单张纸样背衬黑色标准垫时的反射率；

R_∞——重叠多层纸样至不透明时的反射率。

五、注意事项

1. 每次要用酒精棉球将仪器的试样座和测量口擦干净，以免污染标准白板和被测样品。

2. 纸张一般是半透明的，测不透明度时，一般要有足够层数的纸张，使其不透明。

六、思考题

1. 有些白度测量结果现实超过 100%，如何解释？

2. R_0 总是小于 R_∞，对吗？为什么？

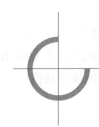

实验十

纸与纸板光泽度的测定

一、实验目的

了解纸张光泽度的含义、表示方法、影响因素及其对印刷品质量的影响。

掌握纸张光泽度的测试方法。

二、实验原理

光泽度是纸张表面的一种性状，它表示纸张镜面的反射能力，光源发射一束光经过透镜 L1 到达被测面，被测面将光反射到透镜 L2，透镜 L2 将光束会聚到位于光栏处的光电池，光电池进行光电转换后将电信号送往处理电路进行处理，然后仪器显示测量结果。

三、实验仪器及材料

1. 仪器：TC-108DPA 变角光泽仪，设备如图 4-15 所示。

2. 试样：要按 GB/T 450—2008 中的规定采取及处理，并在标准温度、湿度下测定。

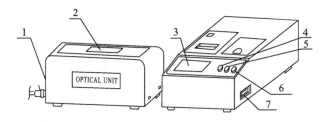

1—角度调节开关；2—测量口；3—显示屏；4—清零键；5—校准键；6—测量键；7—电源开关

图 4-15　TC-108DPA 变角光泽仪结构

四、实验步骤

1. 开机预热

打开电源，开机预热 15 分钟，查看测试角度，可变角度为 85°、75°、60°、45° 及 20° 五种。

2. 设备校准

（1）调零点：取下试样压块，把暗箱盖在试样台上。按 "ZERO" 键即可。

（2）调标准：把用于一次测定的黑色玻璃标准板安放在试样台上。按照设定的角度，把机械面板数字调到标准板上所标注的标准值，按 "CAL" 键。

3. 测试样品

把要测的样品放到样品台上，并用黑箱盖压上，此时读数显示器上所显示出的数值就是所测试的样品的镜面光泽度。

提示：由于照射的角度不同，光泽度也不一样。不同的纸张由于性质不同，所用的角度也不同。比如光泽度低的纸，新闻纸、书写纸用 75°，而高光泽的蜡纸用 20°，涂料纸等用 45°。所以在测试结果中应明确标示测量角度和标准黑玻璃的数值。

五、注意事项

（1）测定不同试样的光泽度时，要把试料压块放在试样台上面，大约要放 5min。

（2）改变角度测定时，要按仪器校准一项中（1）～（2）重新标定。

（3）标准板表面不能有伤痕、脏污，如有脏污，要用柔软的布浸上酒精擦拭。不使用时，应放在标准板箱内。

六、实验数据记录及结果报告

以列表形式表示不同纸样，不同测量角度下的测量数据。相同纸样以多次测量的平均值表示测量结果。

七、思考题

1. 入射角与反射角的选择与测量结果有何关系？

2. 为什么采用标准抛光黑玻璃作为基准物？

油墨部分

实验一

油墨细度的检测

一、实验目的

了解油墨细度的含义，表示方法、影响因素及其对油墨性能的影响。

掌握油墨细度的测试方法。

二、实验原理

油墨的细度表示油墨中颜料（包括填充料）颗粒的大小与颜料颗粒分布在连结料中的均匀度。将油墨稀释后，借用刮板细度计通过人眼测定颗粒研细程度以及分散状况，以 μm 表示（表示油墨颜料颗粒的最大直径的分布范围）。

三、实验仪器及材料

1. 0 ～ 50μm 刮板细度计一套（每一刻度间隔 2.5μm）；

2. 0.5ml 吸墨管一支；

3. 酸式滴定管（25ml）一支；

4. 调墨刀一把；

5. 5 ～ 10 倍放大镜；

6. 6 号调墨油（黏度 140 ～ 160 厘泊 /25℃）；

7. 玻璃板一块；

8. 油墨清洗剂（溶剂汽油）、脱脂棉或洁净棉。

四、实验步骤

1. 取墨

用吸墨管吸取 0.5ml 的受试油墨置于玻璃板上。

2. 加调墨油调节油墨流动度

根据受试油墨流动度的大小用滴定管加入 6 号调墨油进行稀释。若流动度在 24mm 以下加 18 滴（或以每滴 0.02ml 计算，加 0.36ml）；流动度在 25 ～ 35mm 加 14 滴（或加 0.28ml）；流动度在 36 ～ 45mm 加 10 滴（或加 0.20ml），流动度在 46mm 以上不加调墨油。

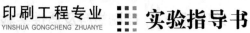

3. 刮墨

用调墨刀把调墨油与受试油墨充分调匀，挑取已稀释均匀的油墨，置于刮板细度计凹槽深度约 50μm 处，将刮刀垂直横置于细度仪凹槽处的油墨之上，刮刀保持垂直（如图 4-16 所示），双手均匀用力自上而下徐徐刮到零点处停止，使油墨充满刮板细度仪凹槽。

4. 细度观测

刮好后即将细度计表面以 30° 角斜对光源。用 5～10 倍放大镜检视颗粒密集点数值，在一个刻度范围内超过 15 个颗粒的算深刻度数值，不超过 15 个颗粒的算浅刻度数值，不用理会在密集微粒点处可能出现的分散点，可参考图 4-17 细度板上的典型读数示意图，油墨细度检验需重复 2～3 次取平均值，如相差一刻度则应重新测试。

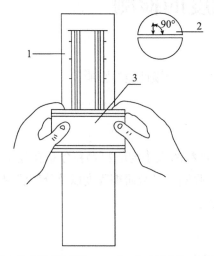

1—带有微米刻度的凹槽；2—刮刀与刮板垂直90℃操作；
3—刮刀

图 4-16　刮板细度计操作

图 4-17　刮板细度计实物

5. 清洗

实验结束后，立即使用油墨清洗剂清洗细度板、刮刀和玻璃板。

五、注意事项

1. 本方法适用于其他浆状油墨细度的检验，黏性低于 7 的油墨可直接测试，不用添加调墨油。

2. 油墨稀释时，必须调匀，不能用力研磨并防止掉入灰尘。

3. 双手横执刮刀时，用力不宜过猛，勿使一边偏重，细度板槽外两边油墨必须刮净。

4. 吸墨管、细度板、刮刀使用后必须用软布或棉纱擦净，并涂油脂防止锈蚀。

六、思考题

1. 胶印油墨细度应为多少？

2. 油墨颗粒太粗可能会引起什么印刷故障？

实验二

油墨黏性（tack 值）的测定

一、实验目的

了解油墨黏性（tack 值）的含义、表示方法、影响因素及其对印刷适性的影响。
掌握油墨黏性的测试方法。

二、实验原理

油墨黏性是油墨层在分离时所产生的抵抗力。黏性仪在旋转的情况下测试阻止油墨薄层分离或被扯开的阻力力矩，用力臂的大小表示，仪器只给出这个力的相对大小，故没有量纲，单位为1，以数值表示。

黏性仪的主要部件由 3 个辊组成，其中一个为中空的金属辊，中空部分可通循环水以调节温度，此辊是由电机驱动的主动转辊，转速可调；另一个是匀墨弹性胶辊，靠自重压在金属辊上，并与显示平衡状态的杠杆相连接；后一个是串墨弹性胶辊。

测试原理如图 4-18 所示。图 4-18 中（a）是仪器静止的状态，（b）是在滚筒没有油墨时转动的一个角度，（c）是在杠杆 7 上加一较小的重力 G 使整个摆动系统重新平衡的情形，（d）是当滚筒上涂上油墨后，由于油墨黏性而使整个摆动系统产生一个转距的情形，（e）是杠杆 7 再加重力 W 使整个摆动系统再一次平衡的情形。实际上 W 是以平衡锤的力臂长短来表示的，平衡后力臂越长表示油墨的黏着性（tack 值）越大；力臂越短，油墨的黏着性越小。

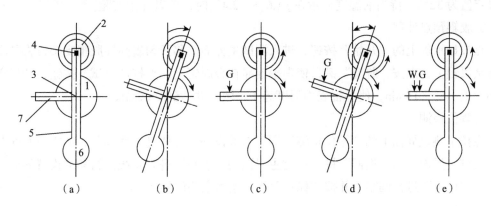

1—金属辊；2—匀墨弹性胶辊；3—动力轴；4—轴；5—框架；6—平衡锤；7—杠杆

图 4-18　油墨黏性测试原理

三、实验仪器及材料

1. YQ-M-1C 型电子油墨黏性测试仪一台，如图 4-19 所示；

2. 金属注墨器一个；

3. 调墨刀一把；

4. 秒表一块；

5. 玻璃板一块；

6. 油墨清洗剂（溶剂汽油）、脱脂棉或洁净棉纱。

图 4-19　YQ-M-1C 型电子油墨黏性测试仪

四、实验步骤

1. 开机

接通电源，打开总电源开关，指示灯亮（仪器右侧）。

2. 启动恒温水循环

待显示屏开启后，点按显示屏上的"启动"按钮，打开恒温水箱开始循环，本仪器恒温设定值为 32℃，待当前温度显示在 31.6 ～ 32.4℃时，可以开始实验。

3. 胶辊预热处理

点按显示屏上的"开始"按钮，进入测试主界面。移开匀墨弹性胶辊支架，将匀墨辊靠在金属辊上，点按"脱离"键，使串墨辊靠在金属辊上，点按"测试"按钮，开机空转（不上墨）5 ～ 15min，使各辊表面温度趋于一致，并达到测试温度。

4. 零位检测

点按主测试界面上的"零位检测"即可查看设备黏性值是否回零位，如零位有偏差，点按测试主界面上的"返回"键，通过主界面的"参数"进入系统运行参数设置界面，再按"零位标定"进行调零，并按"保存"键，返回主测试界面。

5. 注墨

在专用注墨器中注满 1.32ml 受测油墨，然后将油墨均匀涂在串墨胶辊上。

6. 测试

移开匀墨弹性胶辊支架，将匀墨辊靠在金属辊上，点按"脱离"键，使串墨辊靠在金属辊上，点按"点动"键进行初步匀墨，待油墨初步均匀后，打开"测试"开关开始测试，油墨将先进行预匀墨均匀过程，待达到检测工艺要求后，主测试界面开始自动记录 60 秒的黏性值，然后点按"打印"，输出测试数据。

五、注意事项

1. 将齿轮组向内转动到轻松易动位置后，方可开动电钮，马达开动后，不可移动变速棒，以免损坏齿轮。

2. 油墨必须用注墨器轻轻均匀涂于胶辊上。

3. 测试完毕迅速将仪器各部位擦拭干净。

4. 匀墨辊的两端应经常加油润滑。

5. 在恒温恒湿条件下进行 [室温 $t=(23\pm2)$ ℃，$RH=50\%\sim60\%$]。

六、思考题

1. 注墨量的多少是否影响油墨的黏性值？

2. 测试系统的恒温温度是否影响黏性值？

3. 如果测试系统的速度从低到高改变，同一油墨样品的黏性值会有什么变化？

实验三

油墨黏性增值的测定

一、实验目的

了解油墨黏性增值的含义、表示方法、影响因素及其对印刷适性的影响。

掌握油墨黏性增值的测试方法。

二、实验原理

油墨黏性增值，是为了考察油墨在高速辊的剪切作用下黏着性（tack 值）变化的大小，观察在印刷时油墨的稳定性。测定油墨黏性增值是利用测黏性的时间不同，观察油墨黏着性（tack 值）的变化情况。

三、实验仪器及材料

1. YQ-M-1C 型电子油墨黏性测试仪一台；

2. 金属注墨器一个；

3. 调墨刀一把；

4. 秒表一块；

5. 玻璃板一块；

6. 油墨清洗剂（溶剂汽油）、脱脂棉或洁净棉纱。

四、实验步骤

按照油墨黏性检测的方法，当第 1 分钟黏性值测定后仪器继续运转，再记录第 15 分钟时的黏性值。

五、计算方法

第 15 分钟黏性数值，减去第 1 分钟时的黏性数值，即为黏性增值数。

实验四

油墨飞墨的检测

一、实验目的

了解油墨飞墨的含义，表示方法、影响因素及其对印刷适性的影响。

掌握油墨飞墨的测试方法。

二、实验原理

油墨飞墨是观察油墨在印刷时，油墨脱离墨辊的离散情况，实验测定油墨飞墨是利用黏着性仪运转时，油墨层分裂，墨滴飞离墨辊进入空气中时，观察油墨黏性仪横梁上白纸的粘墨情况。

三、实验仪器及材料

1.YQ-M-1C 型电子油墨黏性测试仪一台；

2. 金属注墨器一个；

3. 调墨刀一把；

4. 秒表一块；

5. 玻璃板一块；

6. 油墨清洗剂（溶剂汽油）、脱脂棉或洁净棉纱。

四、实验步骤

1. 定性

按油墨黏性检测方法进行测定，当油墨黏性仪开启一分钟后，在横梁上放一张白纸，继续转动 1 分钟后取下白纸，观察白纸上是否有墨，根据白纸上黏附的油墨多少来判断飞墨程度。

2. 定量

可以用天平称量，即先称量白纸的重量 q，再称量飞墨后的白纸的重量 Q，$Q-q=W$ 即为飞墨的量。

实验五

油墨黏度的检测方法之一

利用平行板黏度计进行测定

一、实验目的

了解油墨黏度的含义、表示方法、影响因素及其对印刷适性的影响。

掌握油墨黏度的测试方法及计算方法。

二、实验原理

测量油墨在一定剪切力 τ 作用下，所产生的速度梯度，通过记录不同时刻油墨的铺展直径，再经过换算，可以绘制油墨特性曲线和流变曲线，从而得到油墨的塑性黏度、屈服值、丝头长短和软硬程度。

三、实验仪器及材料

1. QNP 型平行板黏度仪（结构如图 4-20 所示）；

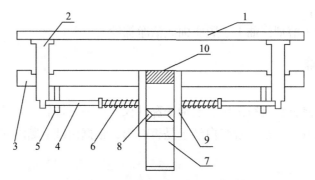

1—透明上板；2—上板支柱；3—下平板（金属）；4—支柱的卡棒；5—卡棒支承架；
6—弹簧；7—活塞；8—活塞中部凹槽；9—活塞筒；10—受试油墨

图 4-20　平行板黏度仪主结构

2. 调墨刀一把；

3. 秒表一块；

4. 玻璃板一块；

5. 油墨清洗剂（溶剂汽油）、脱脂棉或洁净棉纱。

四、实验步骤

1. 清洗

用软布和溶剂清洗仪器的装墨孔和上下平行板，使其干燥。

2. 调整仪器水平

利用水平仪调节支脚螺丝达到水平。

3. 装墨

移开上平行板，拉下活塞 7 将墨装入墨孔内，墨面与下平行板表面持平，注意不要产生气泡和空隙。

4 测试

将上平行板支杆支好，将上平行板放在支杆上，将活塞 7 向上推，使活塞顶面与下平板板面持平，油墨被推至下平板中心，此时卡棒 4 靠近活塞的一端，由于弹簧 6 的作用而陷入活塞中部凹槽 8 内，同时卡棒的另一端向活板方向移动一段距离而使左、右两根支柱同时下落，上板即随之水平下落，于是油墨受压向四周扩展，在上平行板下落的同时启动秒表。

5. 读数

读取 5s、10s、20s、30s……100s、120s 等时间油墨受上平行板压力向四周扩展的直径（精确至 1.0mm）。

五、计算方法

1. 黏度的计算

黏度的计算是根据剪切应力 τ 和剪切速率 D 求得的，然后根据公式（4-8）计算出黏度值。

$$\tau = \frac{2wgv}{\pi^2 R^5}$$

$$D = \frac{6\pi R^2}{V}\frac{0.4343sl}{t} \qquad (4\text{-}8)$$

$$\eta = \frac{\tau}{D}$$

式中，τ——剪切应力，$\mathrm{dyn/cm^2}$；

D——剪切速率，$\mathrm{s^{-1}}$；

w——上板的重量，115g；

t——为测定的时间，s；

R——时间 t 时的铺展半径，cm；

g——重力加速度，980cm/$\mathrm{s^2}$；

v——油墨的体积，0.5$\mathrm{cm^3}$；

π——圆周率，3.14；

sl——丝头长短，即 d–$\lg t$ 油墨特性曲线的斜率（$sl=d_{100}-d_{10}$）。

2. 屈服值的计算

在平行板之间的油墨所受到的剪切应力是逐渐减小的（因上板压力固定不变，而受压油墨的面积的直径却越来越大，那么单位面积上受到的剪切力就越来越小），当剪切应力减小到与油墨的屈服值相等时，油墨的铺展直径就达到了最大，则油墨的屈服值和平板黏度仪测得的油墨最大直径 R_m 之间存在着函数关系。

根据流变理论，得到平板黏度仪所测定的油墨屈服值有几种不同的计算方法，其中有一公式为

$$S_0 = \frac{48wgv}{\pi^2 R_m{}^5} \tag{4-9}$$

式中，S_0——屈服值；

   R_m——油墨铺展的最大半径，cm（一般以 30 分钟时油墨的铺展半径代入）；

   w——黏度计上板的重量，115g；

   π——圆周率，3.14；

   g——重力加速度，980cm/s^2；

   v——油墨的体积，0.5cm^3。

注意：

1. 如果利用公式直接求出屈服值，需要测出最大铺展直径 D（30 分钟时的直径）。

2. 实验要在恒温恒湿条件下进行，$t=(25\pm1)$℃，$RH=65\%\pm5\%$。

3. 屈服值还可以通过将 τ-D 流变曲线上直线部分外延与 τ 轴相交的交点求出，单位为 dyn/cm^2。

六、思考题

在实验中，随着时间延长，油墨受到的剪切应力越来越小，为什么？

实验六

油墨黏度的检测方法之二

利用"CAP2000+型锥板黏度计"进行测量

一、实验目的

了解油墨表观黏度的含义、表示方法、影响因素及其对印刷适性的影响。
掌握油墨表观黏度、剪切应力、触变性的测试方法。

二、实验原理

油墨黏度是阻止流体物质流动的一种性质，是流体分子间相互作用而产生阻碍其分子间相对运动能力的量度，即流体流动的阻力。油墨的黏度与印刷过程中油墨的转移、纸张的性质及结构有关。

油墨的触变性是指油墨受外力的搅拌时随搅拌动作由稠变稀，等搅拌动作停止，又恢复到原来的稠度的现象。

三、实验仪器及材料

1. CAP2000+ 型锥板黏度计，如图 4-21 所示；
2. 计算机；
3. 调墨刀一把；
4. 溶剂汽油及软布；
5. 油墨（黏度较小的墨）。

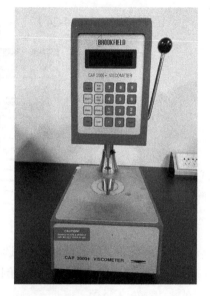

图 4-21　CAP2000+ 型锥板黏度计

四、实验步骤

1. 开机

接通电源，打开 CAP2000+ 型锥板黏度计总电源开关，保证数据线与计算机联通；

打开计算机开关，选择程序 Capcalc（图 4-22），打开程序，让设备预热 5 ～ 10min，等待测试板温度达到 25℃。

图 4-22　Capcalc

2. 上墨

使用调墨刀挑取适量测试油墨，添加油墨在测试板中心位置，并转动把手放下锥板。

3. 检查设备状态

通过软件中 Dashboard 选项（图 4-23），查看设备当前状态。

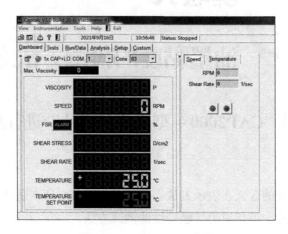

图 4-23　Dashboard 选项

4. 程序设置（图 4-24）

图 4-24　程序设置

打开软件界面，选取 Tests 选项，根据测试方案，从左侧选取操作语言，进行程序设置，图 4-25 为胶印油墨测试程序实例。

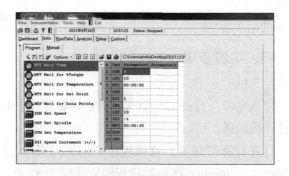

图 4-25　胶印油墨测试程序实例

5. 测试

点按 ▶，启动设备，设备将按照设定好的程序进行测试，在 Run/Data 界面可以实时看到测试数据。程序完成，设备自动停机（图 4-26）。

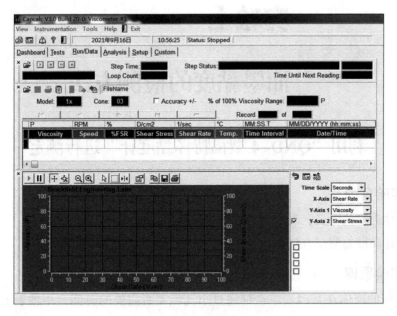

图 4-26 测试

6. 导出数据

点按 Report 键，可将测试数据导出为 Excel 文件。

7. 清洗设备

使用清洁剂和软布，擦洗锥板及测试板上的油墨。

五、实验数据分析

使用测试数据，在 Excel 中画图：

（1）建立表观黏度与剪切速率之间的关系曲线。分析表观黏度与转速之间的关系。

（2）建立剪切应力与剪切速率之间的关系曲线。通过曲线了解油墨触变性。

实验七

油墨黏度的检测方法之三

利用"QND-4型福特杯黏度计"进行测定

一、实验目的

了解液体黏度的含义、表示方法、影响因素及其对印刷适性的影响。
掌握液体黏度的测试方法。

二、实验原理

一定体积的液体在某温度下全部通过小孔流完所需要的时间，用秒表示，称为条件黏度。

三、实验仪器及材料

1. QND-4型福特杯，结构如图4-27所示；
2. 秒表；
3. 温度表；
4. 烧杯。

四、实验步骤

1. 清洗：测试前应把黏度杯内，尤其是流出口的部分擦洗干净。

2. 调水平：调整支架水平螺钉，使黏度杯处于水平位置。

3. 测试：测试时在黏度杯漏嘴下面放置容量为150ml的烧杯。用手指堵住流出口后，将被测试样倒满黏度杯。将多余试样刮到黏度杯边缘之凹槽中（注意此时试样中不应有气泡），然后移开手指，让液体自由流出小孔同时开动秒表计时。

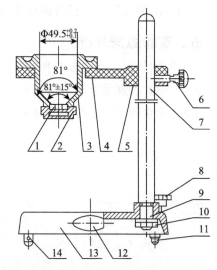

1—流出口；2—压紧螺母；3—杯体；4—支架；
5—定位顶丝；6—支柱；7—水平仪；8—调水平支；
9—底座；10—固定脚；11—调正脚；12—铭牌；
13—底座；14—固定脚

图4-27　QND-4型福特杯黏度计

五、实验结果计算

（1）当试样流丝中断并呈现第一滴时，停止秒表。此时秒表所指示的时间即为该试样的条件黏度值。

（2）同一试样的条件黏度值，应做三遍，求出平均值。每次测定值之差不应大于平均值的3%。

六、注意事项

1. 黏度杯要经常校正。校正的方法是在（25±1）℃的条件下，用蒸馏水重复以上操作步骤，所测定的值应为（11.5±0.5）s。若不在此范围内，则应更换黏度杯。

2. 黏度计使用完毕后，要擦试干净放置保存。

实验八

油墨黏度的检测方法之四

利用"拉雷黏度计"进行测定

一、实验目的

了解油墨黏度的含义、表示方法、影响因素及其对印刷适性的影响。

掌握油墨黏度、屈服值的测试方法。

二、实验原理

拉雷黏度计是用电子方法测量棒自上而下经过10cm距离所需时间，圆棒通过油墨槽，在10cm的距离内自由下落，下落时间和黏度成正比。加不同重量的砝码，给以不同的切变速率，在图表中绘出曲线图，通过画图法求出黏度值和屈服值。

三、实验仪器及材料

1. 拉雷黏度计，又称为落棒黏度计，结构如图4-28所示。

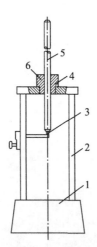

1—底座；2—支架；3—止动板；4—金属厚壁管；5—圆棒；6—试样槽；7—上电子眼；8—下电子眼

图4-28　拉雷黏度计结构

2. 砝码：配有不同重量的砝码，有100克、200克、300克、400克、500克等。

3. 恒温水箱。

4. 调墨刀一把。

5. 秒表一块。

6. 玻璃板一块。

7. 油墨清洗剂（溶剂汽油）、脱脂棉或洁净棉纱。

四、实验步骤

1. 设置温度：首先要打开恒温器把温度设置好，使温度上升到设定的温度之后，就可以进行测试。

2. 加墨：在金属圆棒下方 5cm 左右的范围内，适当均匀沿圆周涂一些墨，大约用 1ml，把金属圆棒插入厚壁管内，左右转动把墨匀好，墨不要溢出，用下方的止动板托住圆棒。

3. 测试：测试时把止动板拨开，圆棒就靠自身的重量 P 下落，计时器开始计时，落到 10cm 处计时器就停止计时，通过计时器把下落的时间 Δt 测量出来。然后再加上不同克重的砝码 M，重复试验过程进行测试，这样就可以得到一组（圆棒＋砝码）和 Δt 的数值。

五、数据处理

1. 计算法：把每组的重量（圆棒＋砝码）和 Δt 代入剪切应力 τ 和剪切速率 D 的公式，计算出 τ 和 D：

$$\tau = \{(p+M)g\}/(2pal) \tag{4-10}$$

$$D = L/\{\Delta t(b-a)\}$$

式中，L——下落距离，10cm；

　　　　l——厚壁管的长度，cm；

　　　　b——厚壁管的半径，cm；

　　　　a——圆棒半径，cm；

　　　　p——圆棒的重量，g；

　　　　M——加在圆棒上的重量，g；

　　　　g——重力加速度，980cm/s^2；

　　　　Δt——圆棒下落所需要的时间，s。

只要测定若干对（圆棒＋砝码）和 Δt 的数据，就可以按照公式求出 τ 和 D，并可以作出油墨的流变曲线。

2. 作图法：

利用拉雷黏度计的附图，如图 4-29 所示，横坐标表示切应力，纵坐标表示时间。把测定的每一对加在棒上的重量和下落的时间，画在图上，至少要测试四对这样的数值。如果测试的油墨属于塑性流体，这些测定点的曲线是一条不过圆点而与切应力轴相交的直线，交点的切应力值就是被测油墨的屈服值。此时通过原点作一条平行于此线的直线，直线的另一端的交点就是被测油墨的黏度值。如果测定的油墨是牛顿流体，得到的是过原点的一条直线，说明油墨没有屈服值，而直线另一端的交点就是被测油墨的黏度值。

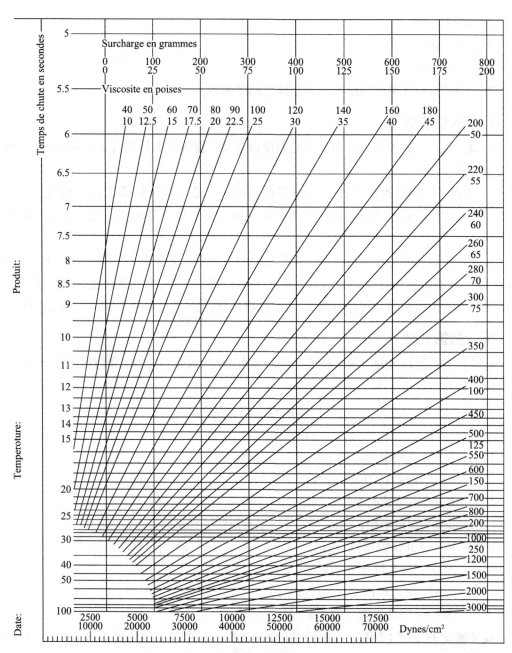

图 4-29 拉雷黏度计附图

根据经验，一般油墨黏度大于 400 泊时，所加的重量在 500 ～ 1500 克较好；黏度小于 200 泊时，所加的重量在 200 ～ 1000 克较好。

实验九

油墨黏度的检测方法之五

利用"DV-II+ 型旋转黏度计"进行测量

一、实验目的

了解液体黏度的含义、表示方法、影响因素及其对印刷适性的影响。

掌握油墨黏度、剪切应力的测试方法。

二、实验原理

在外力作用下，油墨液层发生位移，分子间发生摩擦，对摩擦所表现的抵抗性称为绝对黏度，以"mPa·s"表示。

三、实验仪器及材料

1. DV-II+ 型旋转黏度计，如图 4-30 所示。

2. 超级恒温器。

3. 调墨刀一把。

4. 600ml 烧杯。

5. 溶剂汽油及软布。

6. 测试液体或油墨（黏度较小的墨）。

四、实验步骤

1. 开机准备

（1）自动调零

在操作之前，黏度计必须归零。取下转子，按任何键，黏度计开始自动归零。

（2）选择转子

根据测试液体的黏度，选择合适的转子。将转子按顺时针方向接到黏度计的螺纹接头上，在接转子时注意用一手轻轻托住螺纹接头，避免损坏其内部针状转头。黏度计螺纹接头及转子螺纹口必须保持干净光滑。转子

图 4-30 DV-II+ 型旋转黏度计

代号作为计算参数必须正确输入。

（3）选择/设定转数

DV-II+黏度计共有54个转数，包括18个标准转数及36个附加转数。按"↑"或"↓"键，显示屏RPM位置开始闪烁，其右侧显示当前选定转数在操作过程中，任何时候都可以改变转数。按"↑"或"↓"键，指示至所需转数，在3秒钟内按"SET SPEED"键确定，黏度计即以新设定的转数运转。

2.测试

（1）开启恒温水浴，（25±0.5）℃保温，并将装有测试液体的烧杯置入水浴中。

（2）把转子插入待测液中，直到样品浸没转子上凹槽。对于圆盘形转子，要稍微倾斜转子，避免带入气泡。安装转子时一手握紧黏度计接头且轻轻上托，一手左旋拧紧转子。再把转子插入样品合适深度。

（3）开动仪器开关，经15min保温运转（恢复性液体油墨可缩短至10min），待仪器上读数保持在一个固定点时记录所指数据；关闭仪器，然后再用同样的方法开启仪器，再次记录数据。核对连测数据是否相同，相同即为正确数据。

五、注意事项

1.用LV/RV/HA/HB型转子时，建议使用600ml烧杯。

2.对于LV/RV型黏度计要装保护腿。

3.测量黏度要选择合适的转子和转数，等数值稳定后读数。为了得到最大测量精度，（感应力矩）读数要大于10%。

4.如需要更换转子或样品，按"MOTOR ON/OFF"键，关闭马达。转子要清洗干净。

实验十

油墨乳化率的测定

一、实验目的

了解油墨乳化的含义，表示方法、影响因素及其对印刷适性的影响。

掌握油墨乳化的测试方法。

二、实验原理

油和水在一定的条件下可以发生乳化，本实验采用机械搅拌方式进行油墨乳化实验，在容器中加入一定量的油墨与润版液，在规定的条件下搅拌一定的次数，称量最后受测油墨加吸水量的总重，算出吸水量。最后根据油墨乳化率重量计算公式计算受测油墨的乳化率。

三、实验仪器及材料

1. MJ-RH100 型油墨乳化仪。仪器外观如图 4-31 所示。

2. 调墨刀一把。

3. 天平。

4. 量筒、烧杯。

5. 油墨清洗剂（溶剂汽油）、脱脂棉或洁净棉纱。

四、实验步骤

1. 称量

称出清洁、干燥的墨罐与放在其中的两个搅浆的皮重，并记录之。随即在墨罐中央称入受测油墨（50±0.1）g 并记录其总重。

2. 安装

把墨罐放于旋转台上，两个搅浆连接在旋转轴上。

3. 加水

在烧杯中注入 100g 润版液，量出 50g 加到墨罐中。

4. 搅拌

在转数设定器上设定转速和乳化时间，启动油墨乳化仪。随时检查在搅拌过程中的墨罐内容物。如果全部

图 4-31 油墨乳化仪外观

水在油墨中消失，应再加一点水以保持在油墨表面有一层多余的水。

5. 停止搅拌

当油墨乳化仪停下时，关闭电源开关，将搅拌头上扬至最高点，卸下两个搅桨并置于墨罐内。

6. 过滤游离水

从旋转台上取下墨罐，同时握住搅桨将其放在墨罐边上，慢慢将墨罐内游离水倾倒入贮有未用过水的烧杯内，用非常慢的速度搅动墨罐中的油墨，将新出现的游离水倾倒入烧杯内。

7. 称量总重

称量墨罐和包括搅桨等内容物的总重并记录。

8. 重新固定墨罐

用两把小调墨刀将墨罐边上和粘在搅桨上部的油墨刮到墨罐中央。将墨罐放回旋转台上固定好。

9. 重复操作

重复步骤 2～8 的操作以依次完成下一搅拌周期。每一搅拌周期结束都要晃动烧杯以使回收水和未用过的水（或上一搅拌周期剩下的水）混合，以保持搅拌时油墨表面有一层多余水的原则，逐次在油墨中加水。

注：要分 10 个搅拌周期做测定，每一搅拌周期的时间间隔为 1 分钟；即每经过 1 分钟的搅拌都要称量出油墨的吸水量（g）。但也可以根据需要不全部做 10 次。最常用的方法是做 1、2、3、4、5 和 10 分钟的时间间隔测定，每一次测定都要称出油墨的吸水量。

五、实验结果计算

$$油墨乳化率（\%）=吸水量 /（墨量+吸水量）$$

六、注意事项

1. 仪器运转时绝对禁止用手触摸搅拌桨。

2. 搅拌头仰角调整：将后挡板拆下后调整限铁位置。

第五部分

印刷原理及工艺实验

实验一

影响油墨转移因素的探讨（设计性）

一、实验目的和要求

1. 利用印刷适性仪测试所需数据，建立油墨转移方程，探讨印刷工艺中影响油墨转移的各种因素。

2. 自行设计实验方案，根据试验方案进行实验。

3. 用图表清晰地表示各个因素对油墨转移的影响，对实验结果进行全面分析，并说明对实际印刷的指导意义。

二、实验设备、工具及材料

AIC2-5 型印刷适性仪、匀墨器、精量注墨器、电子分析天平、调墨刀、烧杯、玻璃板、油墨、纸张、汽油、棉花。

样条准备：

纸张类型：128g 铜版纸、80g 胶版纸、50g 新闻纸。

裁切尺寸：55mm × 340mm。

裁切数量：各 50 张。

三、实验内容

改变纸张、油墨、印刷条件等参数，建立油墨转移方程。

从下列四项实验中选择一项。

实验一：改变不同纸张建立油墨转移方程

选用三种纸张：铜版纸、胶版纸、新闻纸。

实验方法（供参考）：

1. 铜版纸上墨量：以小墨量上墨法，起始墨量 0.1ml，递加墨量 3 个 0.05ml，递加墨量 3 个 0.1ml，递加墨量 3 个 0.2ml。

2. 胶版纸上墨量：以小墨量上墨法，起始墨量 0.1ml，递加墨量 2 个 0.05ml，递加墨量 2 个 0.1ml，递加墨量 3 个 0.2ml，递加墨量 2 个 0.3ml。

3. 新闻纸上墨量：以小墨量上墨法，起始墨量 0.1ml，递加墨量 3 个 0.1ml，递加墨量 3 个 0.2ml，递加墨量 3 个 0.3ml。

实验二：改变不同油墨黏度建立油墨转移方程

选用三种油墨：原墨，加 2% 调墨油的油墨，加 5% 调墨油的油墨。

实验方法（供参考）：

1. 铜版纸上墨量：以小墨量上墨法，起始墨量 0.1ml，递加墨量 3 个 0.05ml，递加墨量 3 个 0.1ml，递加墨量 3 个 0.2ml。

实验三：改变不同印刷压力建立油墨转移方程

选用三种印刷压力：300N、625N、900N。

实验方法（供参考）：

铜版纸上墨量：以小墨量上墨法，起始墨量 0.1ml，递加墨量 3 个 0.05ml，递加墨量 3 个 0.1ml，递加墨量 3 个 0.2ml。

实验四：改变不同印刷速度建立油墨转移方程

选用三个印刷速度：0.2m/s、0.4m/s、0.6m/s。

实验方法（供参考）：

铜版纸上墨量：以小墨量上墨法，起始墨量 0.1ml，递加墨量 3 个 0.05ml，递加墨量 3 个 0.1ml，递加墨量 3 个 0.2ml。

四、思考题

1. 纸张影响油墨转移方程的哪个参数？如何影响？

2. 油墨如何影响油墨转移？

3. 印刷压力如何影响油墨转移？油墨转移方程的参数与印刷压力有什么关联？

实验二

平版印刷工艺（综合性）

一、实验目的和要求

1. 掌握印版的安装工作。

2. 掌握印刷过程中的正确的作业方法。

3. 掌握印刷过程中输纸的控制、输墨量的控制、水墨平衡的控制、印刷压力控制、印刷速度控制等基本工艺问题。

4. 掌握印刷机各部分的监控方法，以及印刷后的结束工作。

5. 分析和评价平版印刷品质量。

二、实验设备、工具及材料

1. 仪器：Heidelberg-SM52 平版胶印机、Spectral-Eye 分光光度计。

2. 材料：四色胶印快干亮光油墨、128g/m² 铜版纸、润湿液。

三、实验内容

1. 印刷机的基本操作

主要包括：检查印版、安装印版、装纸、装墨、调节墨量、调节水量、调节套准等，并在印刷结束后，清洗墨辊、橡皮布、印版以及为印版擦胶保护胶等。

2. 改变不同印刷参数获取印刷样张

在印刷过程中，通过改变印刷压力、印刷速度、润湿液量和某一颜色油墨量，分别获得不同参数下的印刷样张。

3. 利用 Spectral-Eye 分光光度计测试样张

使用 Spectral-Eye 分光光度计分别测试不同样张上的测控条信息，主要包括四色实地密度、四色网点百分比、75%的四色网点密度值以及改变滤色片进行叠印率相关色块的密度测试。

4. 数据分析和撰写报告

通过数据分析，写出印刷机参数的改变对印刷样张印刷质量的影响。

四、思考题

1. 印刷前，为什么要对纸张进行调湿处理？主要有哪些方法？并加以分析。

2. 平版印刷的水墨平衡如何调节？

3. 润湿液的 pH 值过高或过低会给印刷带来什么不良后果？

实验三

柔性版印刷工艺（综合性）

一、实验目的和要求

1. 目的

（1）熟悉柔性版印刷机的整体结构及虚拟操作步骤。

（2）掌握柔性版印刷机的印刷原理。

（3）掌握柔性版印刷故障的分析和解决方法。

2. 要求

（1）熟练进行柔性版印刷模拟软件的各项操作。

（2）完成练习题库中的重点题型，并对印刷故障进行总结分析。

（3）在低成本下，快速解决各类印刷故障。

二、实验设备、工具及材料

软件：法国 SINAPSE 柔印版印刷模拟软件（PackSim-Flexo）。

三、实验内容

1. 柔印版印刷模拟软件（PackSim-Flexo）的基本操作

主要包括：柔印机的组成部分、柔印机所用材料的设置、柔印机的开机和关机、柔印机印刷单元中的油墨转移过程、柔性版印刷压力影响因素等。

2. 柔印机常见故障的分析

主要包括：套准问题、印刷压力、墨色调整、网纹辊和刮刀设置等。

3. 柔印版印刷模拟软件（PackSim-Flexo）故障题库的练习

掌握故障题库操作方法，对于常见故障进行练习操作。

4. 撰写报告

主要包括对故障题库中故障分析和解决方法的阐述。

四、思考题

1. 柔印机中网纹辊和刮刀的作用是什么？

2. 柔印版印刷压力的影响因素有哪些？如何调整到合适压力？

3. 柔印机套准问题如何解决？

实验四

丝网制版与印刷作业（综合性）

一、实验目的和要求

1. 掌握丝网制版与印刷作业的主要工艺。

2. 掌握绷网的基本方法。

3. 掌握采用感光法制作丝印版的方法。

4. 掌握利用手动丝网印刷机或半自动丝网印刷机进行印刷的方法。

5. 能根据具体印刷品选择制版、印刷材料。

二、实验内容

自己设计印刷品，利用机械绷网机、丝印晒版机、丝网印刷机等设备，完成丝网印刷制版、印刷的全部操作过程。具体内容如下：

1. 设计原稿，可根据本实验使用的材料（如网框大小等）自行设计原稿图案（要求文件格式为 AI），并按单色印刷品进行设计。

2. 绷网。利用气动绷网机或手动绷网机进行绷网。

3. 采用手工涂胶方法对网版进行涂胶。

4. 采用感光制版的方法进行制版。

5. 利用手动丝网印刷机或半自动丝网印刷机进行印刷。

6. 印刷结束后工作，包括印刷品的干燥、印版清洗。

三、实验仪器、材料

1. 仪器与设备

（1）气动式绷网机（或机械绷网机）、张力计。

（2）丝印晒版机、网版烘干箱、刮斗。

（3）手动丝网印刷机、刮板。

（4）X-Rite528 型密度计。

2. 材料

（1）丝网。

（2）网框。

（3）粘网胶。

（4）耐水型感光胶。

（5）封网胶（或胶带）。

（6）丝印油墨、织物印花油墨（水性）。

（7）承印材料：自带织物。

四、丝网印刷操作步骤

（一）绷网

1. 绷网前处理

绷网前，首先应按照印刷尺寸选择相应的网框，若使用胶黏法固网，应将网框与丝网黏合的一面清洗干净。如果是第一次使用的网框，需要先用细砂纸轻轻摩擦，使网框表面粗糙，提高网框与丝网的粘接力。对于使用过的网框，清洗时要去除残留的胶及其他物质。清洗后的网框，一般在绷网前，先在与丝网粘接的那一面预涂一遍粘网胶并晾干。

2. 手动绷网机绷网

绷网时，将网框放置在平台上，调整好高度，铺平丝网，用网夹夹住丝网，分别旋动螺丝使四周的螺杆渐渐收紧，测定网版张力，直至丝网的张力达到规定的指标。上升工作平台（升降式），使网框与丝网粘接，这时上胶固定丝网于框面上。

3. 气动绷网机绷网

绷网时，将拉网器排列在网框的四边，拉网器前端的顶板顶住网框的外侧，并用定高螺钉调节网框水平高度，待所有网夹夹住丝网后，打开气阀，各个汽缸即以相同的压力向各自的方向启动，使各自的网夹夹住丝网后退，从而得到均匀的拉力。测定网版张力，直至丝网的张力达到规定的指标，这时上胶固定丝网于框面上。

（二）网版整理

1. 包边

将多余的丝网剪去并修齐。剪剩下的网边应能包住框架外侧棉之一半，并将它粘牢于框边上。

2. 下胶加固

对用钉或楔条固网的网版，应在其表面涂刷一层粘网胶或清漆，使丝网与木框全面黏合，防止边缘撕开和无钉处松弛。

需要双层胶固网的金属网框，在第一层粘网胶干固充分后，再涂另一层保护胶。

3. 筑护墙

为防止油墨、清洗油墨溶剂侵蚀粘网胶，破坏胶力，应用胶带粘住框架的内侧，也可用耐溶剂的涂料涂覆该处。

4. 网版标注

绷好的网版，应在框架方便处，注明下列内容：丝网的材质、目数、粗度等级及绷网日期等。

（三）制版

1. 网版的前处理

用洗网剂清洗丝网，洗网剂都属碱性的，常用的是 20% 苛性钠（NaOH）溶液，也可用中性或弱碱性洗衣粉。清洗时可手工操作，也可采用网版清洗机进行清洗。手工操作是用中等硬度的尼龙刷，蘸洗网剂，涂湿网的两面，放置阴凉处 15 ~ 30 分钟，使溶液与污物充分反应，然后彻底水洗。

网版前处理的好坏，可通过观察水在丝网上的分布情况加以判断：水冲丝网呈片状，即为合格；若见反泼现象，表示反泼处仍有污渍，必须继续处理。

2. 涂胶

涂胶时，将网版以 80° ~ 90° 的倾斜角固定在一个支座上，涂胶面朝向操作人员。在胶斗中注入 60% ~ 70% 的感光胶，然后用双手抓住刮斗的两端，使胶斗的刮胶边平贴住丝网，前倾胶斗，使胶液面全部均匀地接触丝网，随即慢而匀速地由下往上进行涂布，涂布到距离网框边 1 ~ 2cm 时，让斗的倾斜程度恢复到接近水平，使胶液不再涂布至丝网上。涂布时胶斗不能太斜，防止胶液过多地停留在网版上。

为了保证涂层均匀和干燥彻底，涂布与干燥应交替进行，每交替一次，称为一遍，一般膜层需涂 2 ~ 3 遍；薄膜层只需要一遍即可。为使感光胶充分地堵塞丝网网孔，保证印迹边缘光洁，一般每遍要涂布 2 ~ 5 次，并且二次涂布的方向可相反，这样可使涂布均匀。涂胶主要在网版的印刷面（与承印材料接触面）上进行，但在刮墨面上也应涂布 1 ~ 2 遍。

3. 干燥

将干燥箱的温度控制在（40±5）℃。干燥时网版应平放，否则会因重力作用使胶层产生波纹或出现上薄下厚的现象。干燥时间主要根据胶液的浓度和每遍的涂层厚度而定，每遍涂胶后，干燥时间一般为 5 ~ 10min。

涂胶和干燥在黄灯下操作最安全，要避免紫外光对感光胶的照射。

4. 晒版

晒版底片为阳图正像，使底片的药膜面与网版的印刷面密合放入丝网晒版机中进行曝光。常用的有时间增量曝光法和密度增量曝光法两种方法。

采用时间增量曝光法测试正确曝光时间。在感光膜与底片密接后，用黑纸遮盖，曝光时按 10s、20s、30s……的增量（10s）分段揭去黑纸，得到不同曝光时间的硬化段，经显影后，用放大镜观察胶膜固化最好、成像最清晰的一段为理想曝光时间。

5. 显影

显影方法主要有盆浸法和喷水法两种。盆浸法是将曝光后的版浸入显影液中，稍经湿润软化后，轻轻摇动，1 ~ 2 分钟后，即可显出图形，再用流水冲洗干净。喷水法是用水龙头冲洗，喷水龙头最好采用细孔的花洒式龙头，显影时，首先淋湿版的两面，令膜软化，然后水冲显影。另外，还可采用 3.5 ~ 5.5kg/cm² 的加压水枪或吹（吸）气工具助洗，这对显透细线和清除蒙翳有一定作用。蒙翳是一层极薄的感光胶残留膜，易在图像细节处出现，高度透明，难与水膜分辨，常被误认为显透。因此，为便于观察，最好采用灯光水槽进行显影；也可用自制灯光观察台。显影中应随时观察显影的情况，图形较细小时，应用8～10倍放大镜仔细检查，细微部分是否完全通透，必须完全通透才可以。

显影程度的控制原则是：在显透的前提条件下，时间越短越好。时间过长，膜层湿膨胀严重，影响图像的清晰度；时间过短，显影不彻底，会有蒙翳，堵塞网孔，造成废版。

6. 干燥

先用白纸吸除印版两面多余的水分，然后以冷风或热风（>45℃）吹干，可放入烘干箱内干燥。为加快干燥速度，可用一种专用的真空吸水器，不仅能迅速除去水分，还能消除蒙翳，且不会损坏版膜。

7. 修整

（1）封网

封网时，在版膜外的开孔区倒上足量的胶液；然后用刮板或毛刷刮涂均匀，也可用刮胶斗进行涂布。先刮印刷面，再刮刮墨面，最后擦去多余的胶液，并使其干燥。

应注意封网对网版（尤其是版膜）尺寸稳定性的影响。因为涂布的封网胶在干燥时，会因膜层收缩使丝网和版膜变形，为了减少这种影响，封网应在网版上的版膜建立后，未干前进行，使版膜和封网膜同时干燥。

（2）修版

对个别网孔的阻塞可用细针刺通，对膜层太薄或针孔则用细毛笔蘸感光胶或封网胶在印刷面上进行涂补。

（四）印刷

1. 手工丝网印刷机印刷

将承印物固定在印刷平台上，在承印物的两边（如果承印物是长方形的，那么就在长边的两个地方和短边的一个地方），贴与承印物同样厚度的小片（金属、塑料、纸等）作为挡规，挡规片厚度可比承印物稍薄一些。如果这些小片比承印物厚的话，印刷时将损害丝网和刮板，使印刷质量下降。在一定网距下，将网版固定在丝网印刷机上，用清洗剂将网版清洗干净。将适量油墨倒入网版，印刷时，先用刮墨刀均匀复墨，再进行刮压印刷。印刷时应注意保持一定的压印角（40°～70°）、压力和印刷速度。

一般地，网距被确定为：

八开幅面的网版的网距为2～3mm；

全开幅面的网版的网距为4～5mm；

手工丝印的网距略小于机器丝印的网距；

精密丝印的网距略小于一般丝印的网距；

织物（包括其他吸墨性强的柔软物体）的网距可以为零。

2. 半自动丝网印刷机印刷

（1）将承印物固定在印刷平台上，在承印物的两边（假如承印物是长方形的，那么就在长边的两个地方和短边的一个地方），贴与承印物同样厚度的小片（金属、塑料、纸等）作为挡规。

（2）将网版固定在丝网印刷机上，调节合适的网距。

（3）将刮墨刀、复墨刀安装至丝网印刷机上，调节合适的角度（40°～70°）和压力。

（4）将适量油墨倒入网版。

（5）启动印刷机进行印刷。

五、注意事项

1. 详细了解设备和仪器的使用和注意事项，掌握设备的紧急情况处置方法。

2. 采集实验数据时，要记录设备的其他设置状态。

六、思考题

1. 由于应力松弛现象，绷网时应如何正确操作？

2. 为了保证丝网印刷质量，对丝印制版的质量要求主要有哪几个方面？

3. 分析网距大小与印刷精度的关系。

第六部分

印刷品质量标准及测控实验

实验一

书刊印刷质量评价

一、实验目的及要求

本实验使学生掌握主观评价印刷品的方法以及数理统计控制的方法，模拟实际印刷品质量评价，加深学生对课堂教学学习的理论知识的理解，提高学生的动手能力和综合素质。

在本实验过程中要求学生自己设计评价表格，写明表格设计的原理、基本思想，并给出使用说明；能够使用数理统计的方法对实验结果进行分析和处理；最终的评价报告中要给出明确的最终评价结果。

二、实验内容

1. 首先设计出评价一本书（刊）印刷质量的表格，并对表格设计的理论（原理）给出设计说明；

2. 至少20名评价者的评价结果；

3. 对所有评价结果做数理统计分析，给出最终评价报告。

三、实验设备、工具及材料

实验设备：无要求。

工具：放大镜（10倍以上）。

材料：已经出版发行的课本、小说、杂志、手册等书刊。

四、实验原理

一件彩色图像印刷品印刷质量评价内容主要包括色彩再现、阶调再现、清晰度和表观质量等内容；一批印刷品的印刷质量则包括稳定性以及每一张印刷品色彩再现、阶调再现、清晰度和表观质量等内容。而一本成品书的印制质量评价还涉及装订质量。一般社会非专业的普通读者对于一本书的印刷质量、印制质量进行评价，也是从这几个方面进行的，而且主要是主观评价，只是其描述方式应该通俗易懂而非专业术语。因此，如何使主观评价客观化，以及对评价内容的分类和设计尤为重要。

基于多人对印刷品的主观评价结果所得出的最终评价结果，需要使用恰当的数理统计方法进行结果处理与分析，最终得出的结果要具有客观性。

五、实验步骤

1. 设计评价表；

2. 在同一环境下邀请不同的观察者对书刊进行质量评价，填写评价表；

3. 统计分析处理评价表；

4. 得出印刷质量的综合评价最终结果。

六、注意事项

1. 要保证邀请足够的评价者，并且合理安排男女比例；

2. 不同的评价者评价同一印张时，要保持在相同的环境和条件下，以保证评价结果有可比性。

七、思考题

分析不同教育背景以及不同年龄段的评价者的评价结果的差异。

实验二

包装产品印刷质量评价

一、实验目的与要求

本实验使学生掌握主观评价印刷品的方法以及数理统计控制的方法，模拟实际印刷品质量评价，区分不同印刷品的评价内容的差异。加深学生对课堂教学学习的理论知识的理解，提高学生的动手能力和综合素质。

在本实验过程中要求学生自己设计评价表格，写明表格设计的原理、基本思想，并给出使用说明；能够使用数理统计的方法对实验结果进行分析和处理；最终的评价报告中要给出明确的最终评价结果。

二、实验内容

1. 首先设计出评价一件包装产品如纸盒印刷质量的表格，并对表格设计的理论（原理）给出设计说明；

2. 至少 20 名评价者的评价结果；

3. 对所有评价结果做数理统计分析，给出最终评价报告。

三、实验设备、工具及材料

实验设备：无要求。

工具：放大镜（10 倍以上）。

材料：已经出版发行的课本、小说、杂志、手册等书刊。

四、实验原理

一件彩色图像印刷品印刷质量评价内容主要包括色彩再现、阶调再现、清晰度和表观质量等；一批印刷品的印刷质量评价内容则包括稳定性以及每一张印刷品色彩再现、阶调再现、清晰度和表观质量等。而对一件包装产品如纸盒的印制质量评价还涉及纸盒的黏结牢度等。对于不同用途的印刷品，如书刊与纸盒，其评价重点及要求程度也不相同。此外，一般社会非专业的普通读者对印刷品的印刷质量、印制质量进行评价，也是从这几个方面进行的，而且主要是主观评价，只是其描述方式应该通俗易懂而非专业术语。因此，如何使主观评价客观化，以及对评价内容的分类和设计尤为重要。

基于多人对印刷品的主观评价结果所得出的最终评价结果，需要使用恰当的数理统计方法进行结果处理与分析，最终得出的结果要具有客观性。

五、实验步骤

1. 设计评价表；

2. 在同一环境下邀请不同的观察者对书刊进行质量评价、填写评价表；

3. 统计分析处理评价表；

4. 得出印刷质量的综合评价最终结果。

六、注意事项

要保证邀请足够的评价者，并且合理安排男女比例。

实验三

印刷测试样张质量综合评价

一、实验目的与要求

本实验使学生掌握客观评价印刷品的方法和所使用的工具，加深学生对课堂教学学习的理论知识的理解，提高学生的动手能力和综合素质。

在本实验过程中要求学生自己设计实验内容和步骤，并能够使用数理统计的方法对实验结果进行分析和处理，分析引起质量问题可能的原因。

二、实验内容

1. 对印刷品进行主观评价，对印刷品进行打分并列表给出结果。

2. 用密度计 / 色度计进行相关项目的测试。

3. 用统计学方法对上述结果进行综合评价。

4. 说明引起质量问题可能的原因，并排序。

三、实验设备、工具及材料

实验设备：密度计、色度计、放大镜等。

工具：测控条、放大镜（20 倍）。

材料：印刷样张。

四、实验原理

印刷品质量是印刷品各种外观特性的综合效果。评价印刷品的质量时，有两种方法可供应用：一种是主观评价的方法，评判者根据自己的主观印象进行评价；另一种是客观评价的方法，评价者使用仪器测量，用恰当的物理量或者说质量特性参数对图像质量进行量化描述。对于彩色图像来说，印刷质量的评价内容主要包括色彩再现、阶调再现、清晰度和分辨力、网点的微观质量和质量稳定性等内容。可使用密度计、分光光度计、测控条、图像处理手段等测得这些质量参数。印刷质量参数很少有独立变量，每个质量因素如何影响图像的评价结果及如何影响其他质量参数对图像的评价，涉及各个质量参数对图像影响的"加权值"。这些加权值可以用多变量回归分析方法，也可以采用主观评价法为客观评价方法决定难以解决的变量相关问题，即所谓的综合评价方法。

通过对印刷品质量的评判，结合印刷材料适性、印刷工艺设置等因素与印刷品再现的阶调、色彩、清晰度等质量参数之间的关系，即工艺因素－质量特性参数之间的关联性，可以给出质量提升的方案，这是对质量管理的提升。

五、实验步骤

1. 对印刷品进行主观评价，打分并列表给出结果。

2. 用放大镜评价印刷品的细微质量。

3. 用密度计（色度计）等测量仪器对测试样张上的测控条中相关项目进行测试，包括：实地密度／色度值、各网点色块密度／网点百分比、叠印率等。

4. 计算出相应的网点增大值、印刷相对反差值、油墨的色偏、灰度、色效率，并绘制印刷特性曲线等图表。

5. 将测试数据通过计算、作表，得出印刷质量的综合评价分。

6. 分析造成质量缺陷的可能的原因。

六、注意事项

1. 不同组评价者评价同一印张时，要保持在相同的环境和条件下，以保证评价结果有可比性。

2. 使用密度计和色度计测量时，要注意仪器的校准以及仪器的正确选择，特别注意测试背衬的选择。

七、思考题

分析一下在评价实践中综合评价的难点是什么。

实验四

印刷测试版的设计

一、实验目的与要求

本实验使学生掌握针对不同目的设计印刷测试版的方法，完成印刷测试版的印刷与评价，加深学生对课堂教学学习的理论知识的理解，提高学生的动手能力和综合素质。

在本实验过程中要求学生完成以下任务：

（1）写出测试版设计的原理、测试元素的意义以及使用说明；

（2）印刷出测试版样张；

（3）分析测试版印刷效果；

（4）写出测试版设计报告。

二、实验内容：

1. 根据指导教师所给命题、设计印刷测试版。

2. 设计一种测试方案，印刷出测试版印张。

3. 分析测试版印刷结果。

三、实验设备、工具及材料

实验设备：数码印刷机、胶印机等印刷设备。

工具：色彩测量仪器（色度计、密度计等）、带刻度的放大镜等。

材料：纸张。

四、实验原理

印刷测试版是专门用来进行印刷性能检测的特殊设计版式，是印刷质量控制中的一种诊断和测量工具。测试对象及目的不同，印刷测试版的组成内容也不同。此外，使用印刷测试版进行测试印刷是一项很严谨的工作，对其印刷条件要求严格控制，以保证测试数据的准确性和可信性。

五、实验步骤

1. 针对测试目的做印刷测试版的设计；

2. 印刷测试版的印刷；

3. 测量；

4. 数据分析；

5. 给出评价报告。

六、注意事项

1. 测试版设计的内容应充分体现测试目的相应的指标。

2. 印刷条件要规范。

七、思考题

简述印刷测试版的应用及其注意事项。

附　　录

附录一

PR-655 分光辐射度计测量方法

（1）PR-655 分光辐射度计外形如附图 1 所示。实验前应该将仪器在三脚架上固定好，将数据线接到计算机的 RS-232 串口上，连接好电源线，打开电源开关（前面板右上角红色按钮），然后打开计算机。

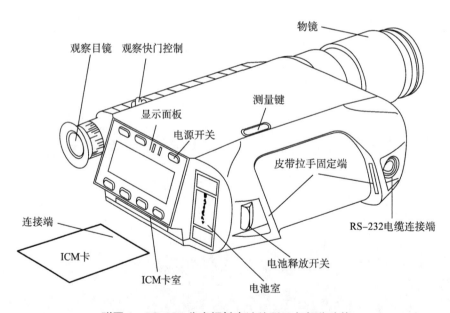

附图 1　PR-655 分光辐射度计外形及各部分功能

（2）在程序菜单中选择 SpectralWin 软件或双击 SpectralWin 软件图标进入 PR-655 分光辐射度计测量软件，软件窗口及各部分的功能如附图 2 所示。将仪器对准测量样品，通过观察目镜使视场中的黑点完全落入测量样品之内。点击测量图标或直接按"F2"键即可获得测量结果。样品的光谱分布曲线显示在窗口中，测量数据显示在窗口左边的数据区中。

点击数据区上方不同的测量数据类型标签，可以分别查看光谱分布数据、辐射度量、光度量、色度量等测量结果，用保存或输出功能可以保存测量结果。

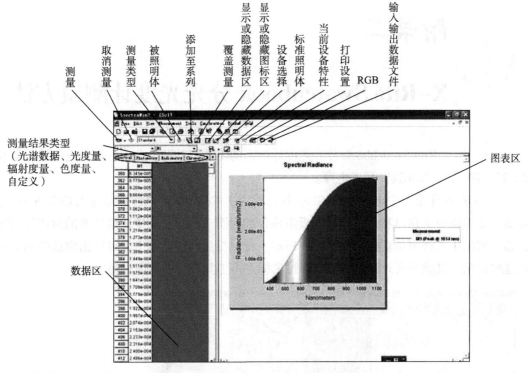

附图2　PR-655分光辐射度计测量软件窗口

附录二

X-Rite Swatchbook 分光光度计测量方法

（1）将 X-Rite Swatchbook 分光光度计后面的电缆线的两个分支分别与电源适配器及 RS-232 串口转接头相连，接通电源。

（2）在程序菜单中选择 ColorShop 软件或双击 ColorShop 软件图标进入 ColorShop 主界面。主界面由主窗口和几个功能面板组成，如附图 3 所示。其中，最基本的对话框为工具箱，列出了各种测量功能，如附图 4 所示，将鼠标放到各图标上，可以出现该图标对应功能的提示。其他所有对话框都可以通过鼠标点击工具箱中相应图标弹出。

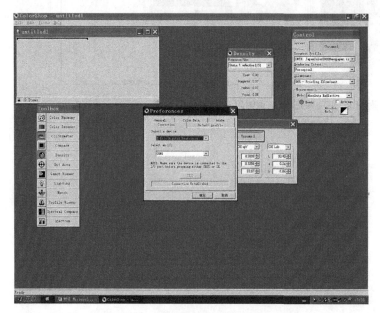

附图 3　ColorShop 测量软件窗口　　　　　附图 4　ColorShop 工具箱

（3）如果仪器没有连接好，则在进入软件后会自动弹出仪器连接对话框，在此对话框中选择仪器连接参数，如附图 5 所示。如果没有自动弹出该对话框，可以在"Edit"菜单中选择"Preferences"，弹出预置对话框，选择"Connection"标签。在对话框"Select a device"下拉菜单中选中"X-Rite Digital Swatchbook"；在"Select an I/O"下拉菜单中选中本设备与这台计算机连接的串口，一般为"COM1"。然后单击 TEST 按钮检查仪器是否连接正常，如果在最下面显示出"Connection Established"信息则表示仪器已经连接好，否则应该检查仪器的连接。仪器连接正常后单击确定按钮，"Preferences"对话框关闭，校正仪器对话框自动弹出，如附图6所示。

附图5 仪器连接对话框　　　　　　　　　　　附图6 仪器校准对话框

（4）注意此时校正仪器对话框的确定按钮为灰色。将仪器放置在仪器基座上，测量孔对准基座上的标准白板，按下仪器数秒钟，直至校正仪器对话框的确定按钮变为黑色，并提示仪器已经校正好。通常，仪器可以不校正黑，如果希望校正黑，则可以单击"Advanced"按钮，进入校正黑对话框，此时可以将仪器放在黑色校正筒上，或放在较暗的地方直接在空中按下仪器，使反射光不进入仪器。然后再重复校正白的过程。校正完成后就可以开始测量了。

（5）用仪器的测量孔对准待测样品，压下仪器数秒钟，直至听到"当"的声音，或看到测量结果出现在各面板中。根据测量需要点击工具箱相应的图标调出测量面板，此时各面板中显示测量结果，如附图7所示。在窗口左上角的样品记录面板中，各测量颜色按顺序显示在面板中，软件会给各颜色默认命名，点击颜色名可以为各测量颜色重新命名。用鼠标将颜色名左边的色块拖到各测量面板中，在相应面板中就会显示该颜色的测量值。

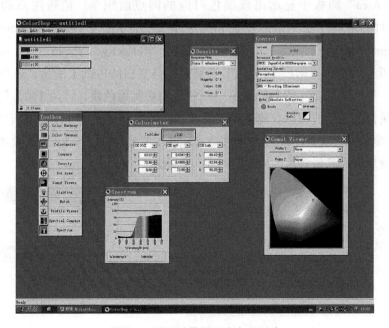

附图7 测量结果显示在各面板中

"Control"是设置测量参数的面板，根据测量的需要，要在此面板"Illuminant"下拉菜单中选择标准照明体、标准观察者函数，在"Measurements Mode"下拉菜单中选择参考白，可以选择绝对白和纸白，只有在测量相对密度和网点面积率时才选择相对纸白［Reflective（Paper）］，如附图8所示。

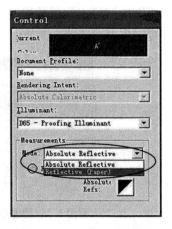

附图8　ColorShop 控制面板

在"Colorimeter"面板中显示测量得到的 CIE 色度值，面板中可以同时显示出三种不同的数据，通过下拉菜单可以选择显示 CIEXYZ、CIELab、CIELuv 等，如附图9所示。

在"Spectrum"面板中显示样品的光谱反射率曲线，将鼠标移动到曲线不同的位置上，面板上就会显示出对应波长的反射率，如附图10所示。

在"Density"面板中显示出当前测量颜色在4种滤色片下的密度值，如附图11所示。值得注意的是，要根据测量的要求选择绝对密度和相对纸白的相对密度。

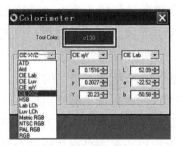

附图9　色度测量面板

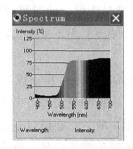

图10　光谱反射率测量面板

附图11　密度测量面板

在"Dot Area"面板中显示出该颜色对应的网点面积率。值得注意的是，在测量网点面积率时一定要注意测量的设置和测量步骤。首先，必须在"Control"控制面板"Measurements Mode"下拉菜单中选择相对纸白"Reflective（Paper）"，此时会自动弹出一个测量纸白的提示（附图12），用仪器在样品空白的白纸上测量，软件会自动记录白纸的密度。然后再测量与待测样品相同原色的油墨实地色块，作为100%网点面积率。最后才能测量待测样品的网点，测量完成后样品的网点面积率会显示在面板的下面，如附图13所示。测量网点面积率时还必须注意在面板的"Response Filter"下拉菜单中选择密度状态，测量反射样品最常用的密度状态是"Status T"。

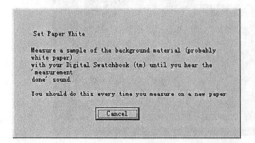

附图12　测量纸白的提示，测量完成后自动消失

附图13　网点测量面板

还有其他的测量功能，如色差的测量等，在此不一一说明，请自己逐一练习，做到熟练掌握。

（6）要保存测量数据，可以在文件菜单选择保存命令，此时会将所有测量数据和图表都保存为一个 EPS 格式文件，以后打开 ColorShop 可以直接调入。但这样保存的数据只能在 ColorShop 中使用。要输出测量数据必须在文件菜单中选择"Export"命令，可以导出为文本格式。但在导出前先要用"Edit"菜单的"Preference"命令进行导出数据的选择。在"Preferences"对话框中，选择"Color Data"标签，在列出的数据类型中选择需要导出的数据类型，如附图 14 所示。

附图 14 ColorShop 导出数据
的选择

附录三

X-Rite Eyeone 分光光度计测量方法

附图 15　连接设备选项

　　X-Rite Eyeone 分光光度计既可以用来测量反射样品，也可以用来测试显示器，它的使用需要专门的配套软件。

　　下面以 MeasureTool 软件为例，说明使用 X-Rite Eyeone 分光光度计测量反射样品或者显示器颜色数据的方法。

　　（1）打开 MeasureTool 软件，点击"Configuring"，在"Instrument"中选择分光光度计的型号，连接设备。勾选"Spectral"测量完毕后可以导出光谱数据，勾选"Reflection"测量反射样品，勾选"Emission"测量自发光体，显示器如附图 15 所示。

　　（2）关闭"Instrument Configuration"页面，点击"Measuring"。对于反射样品来说，在"Test chart"里选择"Custom"，在弹出"Test Chart Dimension"对话框里输入需要测量色块长宽的个数，点击 OK；对于显示器来说，把提前做好的需要测量颜色的 .txt 文件［文件的格式见附图 16（c）］存在安装目录 C：\Program Files\GretagMacbeth\ProfileMaker Professional 5.0.5\Reference Files\Monitor 下，然后在"Test Chart"里选择。

　　（3）在弹出的页面中点击"Start"，然后给分光光度计（Eyeone）校准，把分光光度计放在需要测量的色块上，逐次点击"Start"依次测量，测量结束后点击"Close"，如附图 16 所示。

（a）反射样品测量过程选项

（b）显示器颜色测量过程选项

（c）显示器源文件格式

附图 16　测量过程选项

（4）选择"MeasureTool-File-Save as"，保存测量的光谱数据，点击"Export Lab"，可以导出色度数据，如附图 17 所示。

 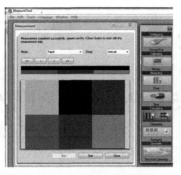 

（a）反射样品测量页面　　　　　（b）反射样品测量数据保存　　　　（c）显示器颜色测量页面

附图 17　数据测量与数据保存

附录四

HQ–510PC 栅格图像处理器软件的
界面及基本功能

一、概况

HQ-510PC 栅格图像处理器是 Harlequin 公司开发的软件，支持 PostScript 和 PDF 格式图文描述信息的解释、栅格化及成像数据输出。按照记录输出设备的属性，可以产生多种不同记录分辨率的黑白二值、黑白灰度、四色及超四色二值、四色及超四色多值记录成像数据，以满足激光照排胶片、计算机直接制版、单色及彩色打样等方面的需要。此外，还具备记录输出线性化、RIP 中拼大版等功能。

二、系统界面

如附图 18 所示，主菜单包含：HQ-510PC（RIP 主功能）、Edit（编辑）、Preview（预示）、 Color（色彩）、Output（输出）和 Fonts（字库）六个菜单项。各个菜单项的下拉菜单如附图 18 ~附图 24 所示。

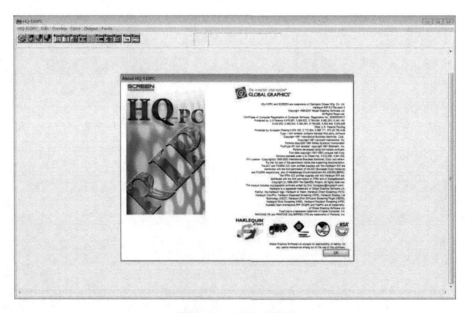

附图 18　RIP 的主界面

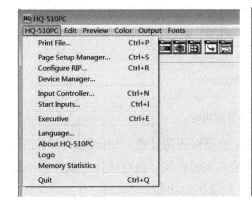

打印文件…（对文件进行 Ripping）

页面设置管理器（输出及加网参数设置）…

配置 RIP… 设备管理器… 输入控制器（页面图文文件来源）… 启动输入（输入图文文件）…

执行 语言… 关于本 RIP 系统

图标 内存

统计

退出

附图 19　RIP 主功能菜单

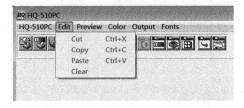

剪切

复制

粘贴

清除

附图 20　编辑功能

选择设备…

选择装版盒

附图 21　预示功能

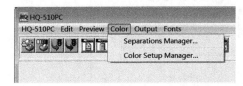

分色版管理器…

色彩设置管理器…

附图 22　色彩设置功能

介质（版材）管理器…

版盒管理器…

拼大版管理器…

线性化校准管理器…

打印校准测试版…

PDF 特性文件管理器…

介质监控器

输出控制器

附图 23　输出控制功能

安装字体…

罗列字体

校验字体…

删除字体…

附图 24　字体管理功能

在 HQ-510PC（RIP 主功能）菜单下，包括实施栅格图像处理（Print File）、页面（Page Setup Manager）及 RIP 设置、设备管理、图文输入来源控制、内存统计、软件系统基础信息等。其中，Print File 和 Page Setup Manager 是最常用的功能。

在 Edit（编辑）菜单下，包括剪切、复制、粘贴、清除四项功能。

三、图文输出基本操作

1. 页面设置

在主菜单"HQ-510PC"下，选择"页面设置管理器"功能，出现如附图 25 所示的界面，图中列出了已有的各种页面设置。

点击"新建（New…）"按钮，出现如附图 26 所示的界面。

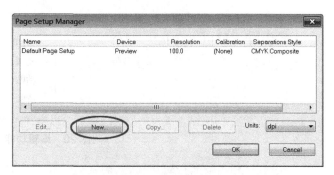

附图 25　页面设置管理界面

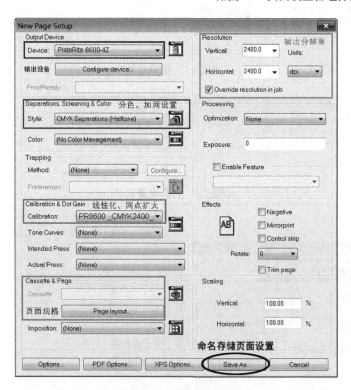

附图 26　页面设置界面

　　在此界面下，可以建立需要的页面设置，如选择输出设备（蓝色框）、输出分辨率设置（青色框）、线性化校准设置（绿色框）、页面尺寸规格（橙色框）、分色版与加网设置（红色框）等。

　　（1）输出设备（Output Device）：可按型号选择，或者输出为 TIFF 文件等。

　　（2）输出分辨率（Resolution）：根据所选设备记录分辨率，或所需要的 TIFF 图像的分辨率进行设置，数值范围为 72~5080dpi。

　　（3）线性化校准与网点增大（Calibration & Dot Gain）：选择经测试并输入校准管理器的输出校准曲线，或者选择与印刷输出相关的网点增大曲线。

　　（4）版盒与页面规格（Cassette & Page）：根据输出幅面选择合适的版盒，或者设置所需输出的尺寸，如附图 27 所示。

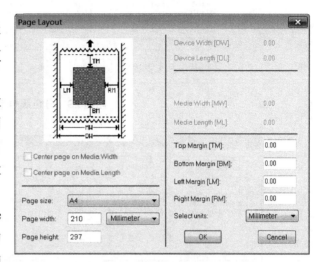

附图 27　页面规格尺寸设置

　　（5）分色版与加网设置（Separations，Screening & Color）：

　　根据输出页面的颜色模式选择合适的分色类型（如附图 28 所示），如 CMYK Separations（Halftone）（青品黄黑网目调分色版）、CMYK Separations（Contone）（青品黄黑连续调分色版）、CMYK Composite（Pixel）（青品黄黑复合色像素）、CMYK Composite（Band）（青品黄黑复合色调色板）、RGB Composite（Pixel）（红绿蓝复合色像素）、RGB Composite（Band）（红绿蓝复合色调色板）、Monochrome（Halftone）（单色网目调）、Monochrome（Contone）（单色连续调）。

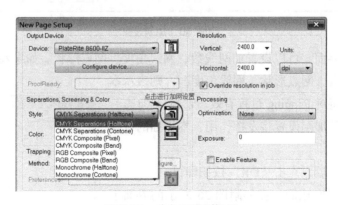

附图 28　分色版类型设置

　　在下拉菜单选择分色类型后，点击"Style"右侧的按钮，即出现如附图 29 所示的界面。点击列表中的类型，即可进行加网设置，如附图 30 所示。

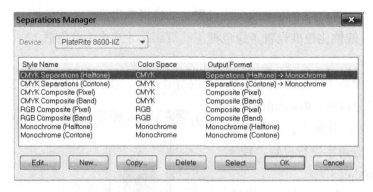

附图 29   分色版类型设置

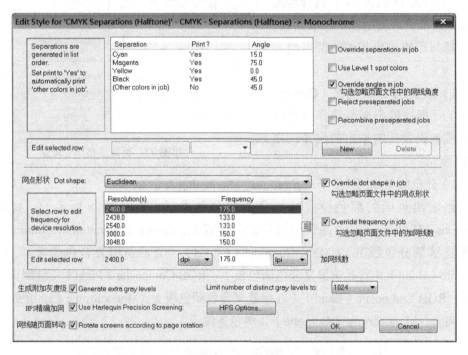

附图 30   加网设置

在加网设置界面，可以设置加网线数、网线角度、网点形状。如果勾选了"忽略页面文件中的加网线数、网点形状、网线角度"，则表示本界面的加网设置将对 Ripping 过程有效。反之（不勾选），则原始页面文件的加网设置将发挥作用，本界面的设置无效。

加网设置完毕后，点击"OK"按钮即可。

所有页面设置完成后，在如附图 26 所示的界面下方点击"Save As…（另存为）"，出现文件名输入界面，用来保存上述页面设置（如附图 31 所示）。在命名时，最好将页面、分色、加网特征信息纳入文件名中，

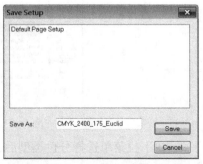

附图 31   命名及存储页面设置

以便使用时查找。例如，"CMYK_2400_175_Euclid"就表示：本设置针对"青品黄黑四色、记录分辨率 2400dpi、加网线数 175lpi、网点形状欧几里德"的输出。

2. 栅格图像处理和输出

在主菜单"HQ-510PC"下，选择"打印文件 ..."功能，出现如附图 32 所示的界面。

选择需要输出的 PostScript、PDF 或 XML 文件，即可开始进行栅格图像处理和输出。需要注意的是，要在"Page Setup"下拉菜单中选择一种合适的页面设置，如"CMYK_2400_175_Euclid"。

点击"Print"按钮后，栅格图像处理和输出过程即开始进行。如果在主菜单的"Output（输出）"项下选择了"Output Controller（输出控制器）"，则会出现如附图 33 所示的界面，可以监控栅格图像处理和输出的进程是否正常。

附图 32　对页面描述进行 Ripping 和输出

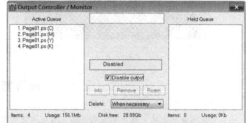

附图 33　Ripping 和输出的监控

随着 Ripping 的进行，其结果会出现在左侧的"Active Queue（当前队列）"中。如附图 34 所示，如果点选了"Disable output（暂停输出）"，则输出结果不会传送到设备上或写到文件中。此状态下，可以进行预示（Roam）和检查。

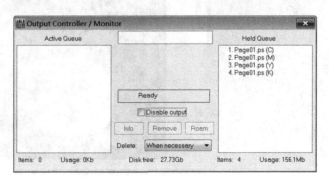

附图 34　输出到设备或文件上

在左右两侧的队列框中，都可以点选单个或多个分色版，进行网点级别的预示或概貌预示。预示（Roam）是可以观察到网点细节的，而缩小预示（Reduced Roam）则可以展示整个版面的宏观效果。在缩小预示框（Reduced Roam）中，按住"Shift"键并单击鼠标左键，则可以在预示框中（Roam）显示局部网点的细节。

如附图 35 所示和附图 36 所示，可以分别看到预示的单色黑版和四色版网点叠印的状况。

附图 35　单色版预示

附图 36　CMYK 四色版叠印预示

版面图文检查无误，去掉"Disable output"的勾选，则将图文输出到设备上，或存储到 TIFF 文件中（附图 34）。

3. 输出校准 / 输出线性化方法

为保证输出的网点面积率与文件中设置的数值一致，在图文输出之前，必须进行输出

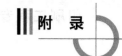

校准，即"输出线性化"。

　　具体做法是：在主菜单下点选"Output"，在其下拉菜单中选择"Print Calibration（打印校准）"项，则会出现如附图 37 所示的界面。

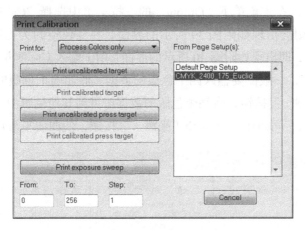

附图 37　打印校准设置界面

　　如果校准的设备是印刷机，则点击"Print uncalibrated press target（打印未校准的印刷机测试版）"，若设备不是印刷机，则点击"Print uncalibrated target（打印未校准测试版）"。如果要测试输出机的曝光状态，则点击"Print exposure sweep（打印曝光渐变条）"。

　　以计算机直接制版输出校准为例，首先在右侧的页面设置框中，选中适用于输出的页面设置名称，再点击"打印未校准测试版"按钮，则会输出测试版，并在"输出监控器"界面上见到预示图，如附图 38 所示。

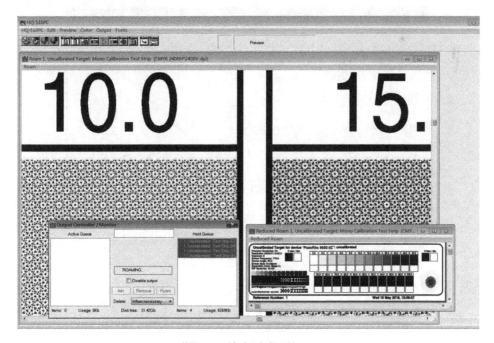

附图 38　输出测试版的预示

输出测试版的印版后，用印版测量仪逐级测量网点梯尺中的网点面积率。附图 41 所示测试版梯尺共 23 级，网点面积率分别为 0%、2%、4%、6%、8%、10%、15%、20%、30%、40%、45%、50%、55%、60%、70%、80%、85%、90%、92%、94%、96%、98%、100%。随后，在主菜单下"Output"的下拉菜单中选择"Calibration Manager（校准管理器）"项，则会出现如附图 39 所示的界面。在颜色空间为 CMYK 的条件下，点击"New（新建）"，即出现如附图 40 所示的界面，用于输入实际测量的网点面积率数据。对 CMYK 输出而言，一般需要输入四个色版的数据。假如四个色版的曲线差异很小，可以通过"Copy（复制）"按钮，将某个色版的数据拷贝到其他色版中去。如果输入数据所对应的曲线不够平滑，可点击"Smooth（平滑）"按钮，使曲线平滑化。

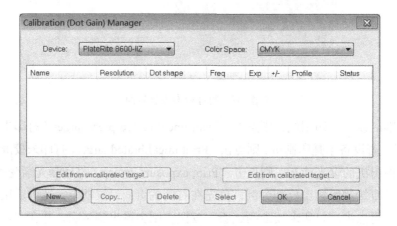

附图 39　校准管理器界面 1

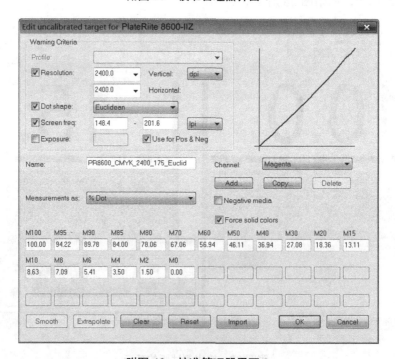

附图 40　校准管理器界面 2

数据输入后，可以为其命名（如"PR8600_CMYK2400_175_Euclid"）并存储。此后，在 Ripping 输出时，即可在页面设置中选用，如附图 26 所示。

如果在如附图 39 所示的界面下，选择颜色空间为"单色（monochrome）"，则会出现如附图 41 所示的界面，可在其中输入 23 个实测印版的网点面积率数据，并命名存储，以便在页面设置中选用。

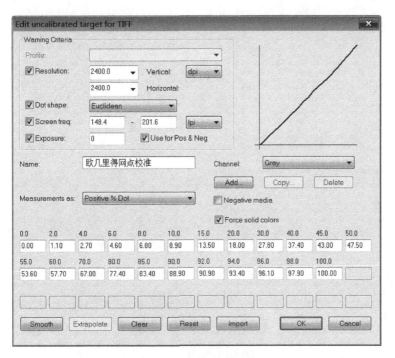

附图 41　校准管理器界面 3